人类发现之旅

科学发现的历程

李哲　编著

THE
HISTORY
OF
SCIENTIFIC
DISCOVERY

中国画报出版社 · 北京

图书在版编目（CIP）数据

科学发现的历程 / 李哲编著 . -- 北京 ：中国画报出版社，2012.7（2025.1 重印）

ISBN 978-7-5146-0502-0

Ⅰ．①科… Ⅱ．①李… Ⅲ．①科学知识－普及读物 Ⅳ．① Z228

中国版本图书馆 CIP 数据核字 (2012) 第 150990 号

科学发现的历程

李哲　编著

出 版 人	：	田　辉
责任编辑	：	齐丽华
出　　版	：	中国画报出版社
地　　址	：	中国北京市海淀区车公庄西路 33 号，邮编：100048
电　　话	：	010-88417359（总编室兼传真）　010-88417359（版权部）
		010-88417418（发行部）　010-68414683（发行部传真）
印　　刷	：	三河市兴国印务有限公司
监　　印	：	傅崇桂
经　　销	：	新华书店
开　　本	：	700mm×1000mm　1/16
印　　张	：	13
字　　数	：	283 千字
插　　图	：	400
版　　次	：	2012 年 8 月第 1 版　2025 年 1 月第 2 次印刷
书　　号	：	ISBN 978-7-5146-0502-0
定　　价	：	78.00 元

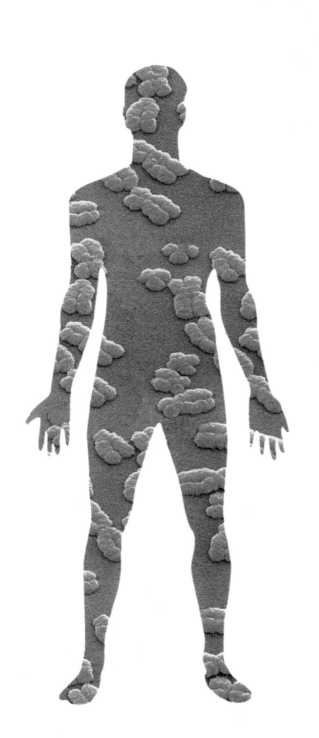

科学发现的历程

前言

Introduction

生存的压力与好奇心促使人类要去发现，就是在这发现的历程中，人类自身发展壮大起来，其间发生的故事趣味横生、丰富多彩。本套书便分门别类地告诉你这一切。

我们生存的地球，是一个奇妙的世界，有太多的未知领域有待我们去发现。人类在科学领域发现的历程，改变了人类的生活状态，提高了人类的生活品质，帮助人类拨开自然界的迷雾，发现和认识了真理，而科学对人类的智慧也给予了丰厚的回报。

从古人类发现火的妙用，到如今核能的广泛应用，任何新的发现都使人类文明史翻开新的一页。人类历史相对而言并不久远，但是科学发现却非常丰富，无论是在物理、化学、医学还是生活方面，很多科学发现都具有划时代的意义。那些具有极高的科学性、思想性的经典发现，有些是偶然得到的，有的则浓缩了几个世纪甚至成千上万年的探索历程。本书有选择地收录了60个最具有代表性的科学发现，涉及了人类有史以来科学的基本问题和最新进展，凝聚了人类文明进步的智力成果，回答了我们普遍关注的科学命题，让我们更深刻地了解人类的发展历程，了解我们生活的世界。

在生活方面，有很多科学发现使人类发生了重大改变，比如火的发现和使用使人类增强了抵御自然的能力，使当时的古人吃上了熟食，提高了身体素质，加快了进化进程；建筑方法的发现，使人类居有定所，加快了农业和畜牧业的发展，使人类的自我保护能力加强；制陶业和冶炼技术的发现，使人类的使用工具得到了质的飞跃，增强了人类改造自然的能力；等价交换物的发现，使人类可以公平交易，促进了分工和贸易，有效提高了生产力。在物理方面，万有引力的发现，使我们能够解释很多身边的自然现象，使物理学进入另一片天地；杠杆力学的发现，使人类制造了更多省力的工具，改变了人类的力学世界；透镜原理的发现和应用，使人类可以看到另外的一个世界，不仅能够看清微观世界，还有探索宇宙的可能。在化学领域，火药的发现，使人类的武器进入热兵器时代，进而增强了人类改变世界的能力；更多生活中的科学发现也都与化学相关，医药业的发展与化学也密不可分。医药科学的发现给人类带来了更多直接的利益，早期中草药的发现已经大大增强了人类与疾病抗争的能力；后来青霉素的发现，更是挽救了无数人的生命；随着人类解剖学的不断发展，对身体各系统的了解不断深入，人类的医学已经高度发达。

　　本书收录的60个科学发现大事件在人类发展史上都具有里程碑式的重大意义，不仅能够给广大读者带来耳目一新的感觉，还能够带来思想上的震撼。

　　相信本书能够成为众多读者朋友了解科学大事件、了解科学史、了解人类发展史的一部重要读物，能够给读者朋友开启智慧大门提供引导作用，并成为读者朋友探索世界的启蒙。

　　但愿本书能够成为广大读者朋友的案头必备书。

目录 CONTENT

火：人类进化的关键

▲原始人钻木取火

火可以照明，让黑夜不再可怕；火可以烤熟食物，让食物更加美味；火可以吓退猛兽，让安全更有保障……火的发现和使用对早期人类具有重要意义，正是因为发现并学会使用火，人类才真正与低等动物界分离。那么火到底什么时候被我们的祖先发现并使用的呢？它到底又起到了什么作用呢？

火的基本作用和好处被发现

300万年以前，人类的祖先——类人猿生活在浓密的非洲雨林中，他们和今天的猴子一样栖身于树木上。他们还没有语言，也不会直立行走，但智商已经高于同时期其他动物。有一个夏天，雷电大作，在森林里引起熊熊大火，他们在树上会发现地上的一切动物都害怕火光，一见火光就四处逃散。然而火势太大，森林也在燃烧，很不安全。为了逃命，他们从树上跳了下来。然而，在夜晚他们感觉到了火的温暖，找到了一丝亲切感。可是，大火烧了他们的家——树林，他们找不到以前常吃的果实，也找不到可以吃的小动物了。他们发现地上到处都是烧死的动物尸体，饥饿迫使一个类人猿去撕扯

▼雷电常常在自然界引起森林大火

山顶洞人会用火

在周口店龙骨山，中国古生物学家在发现原始人类牙齿、骨骼和完整的头盖骨时，也发现有物体被火烧烤的痕迹。从而找到"北京人"生活、狩猎及使用火的遗迹，证实50万年前北京地区已有人类活动，并开始使用火。

那些烧熟的动物肉吃，他发现比生肉口感要好得多，就赶紧向首领报告。在首领的带领下，他们第一次尝到了美味，并感谢大火带给他们的恩赐。他们开始有目的地使用那些还没有熄灭的火来烤制食物，并发现有火的时候，就不会有猛兽来袭击，于是不断往火堆里添加木柴，让它保持燃烧不息。

火对人类进化起到了重要作用

火的利用给早期猿人带来了极大的好处，其中最大的好处是能够制作熟食。熟食使食物中的营养更易于吸收，缩短了消化过程，而且也使以前不宜食用的植物和动物，尤其是鱼类，更方便食用了。这样便扩大了食物的来源。这对人类肢体和大脑的发育产生了极为有益的影响。

几十万年至几万年前，猿人多居住在洞穴中，火可以驱散洞穴中的潮湿，可以减少疾病的发生，降低死亡率，延长整个物种的寿命。同时，火也给黑暗的洞穴内带来了光明，给晚间的烤肉、分配食物、准备第二天的活动等带来了方便。另外，在洞外的火堆可以驱走乘黑夜来袭击的猛兽，增强群体防护能力，提高了生存能力。

火的使用除了改善了猿人的生活质量、给猿人以更多的安全感之外，也大大扩展了他们的生活空间。有科学研究表明，正是火的利用才使猿人成为非、亚、欧三洲的旅行者。生活于热带和亚热带的猿人向温带和寒带的缓慢迁徙，使他们摆脱了人口增长或原居住地区食物来源减少带来的危机。

为了保暖，人类开始以动物的皮毛代替已经被淘汰的体毛，衣服的起源可能也由此开始。

大约几万年前，人类与黑猩猩发生进化分离，这是灵长类动物种群中最后一次演化分离。从那以后，人类伴随着其调控基因的改变，转录因子基因的表达模式发生重大变化。而在其他灵长类动物中，都没有这种改变。究竟是何种外界环境或生活方式的改变导致基因表达产

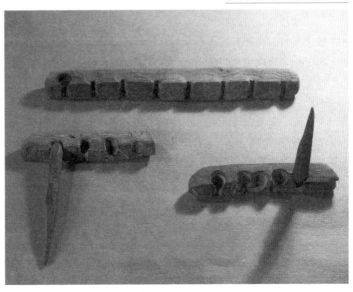

▼原始人钻木取火的工具

生如此迅速的变化呢？

科学家认为：问题的答案在于火的使用，这是人类与动物最本质的区别。

▼原始人生火取暖烤食物

在所有灵长类动物当中，唯有人类烹饪食物，在烹饪过程中，也许存在某种物质，它改变了人体生化反应条件，这种反应条件的改变可以帮助人体最大限度地吸收营养，同时排除动植物食物中的自然毒素。

无论从哪方面讲，火的发现和使用都是人类发展过程中的一个重大突破。火不仅能够增强猿人抵抗大自然、开发大自然的能力，也对他们身体发育和思维的发展起到了至关重要的作用。

燧人氏钻木取火的传说

火的好处和作用被早期人类发现，并开始使用。可是转移火种却非常不便，于是人类开始研究保存火种与人工取火的方法。在我国最流行的传说就是燧人氏钻木取火的故事。

关于燧人氏传说的记载

《韩非子·五蠹》中说："上古之世，民食果蓏蚌蛤，腥臊恶臭，而伤肠胃，民多疾病，有圣人作，钻燧取火，以化腥臊，而民悦之，使王天下，号之燧人氏"。《尚书大传》云："遂人为遂皇，伏羲为戏皇，神农为农皇也。遂人以火纪，火，太阳也。阳尊，故托遂皇于天。"

《王子年拾遗记》："申弥国去都万里。有燧明国，不识四时昼夜。其人不死，厌世则升天。国有火树，名燧木，屈盘万顷，云雾出于中间。折枝相钻，则火出矣。后世圣人变腥臊之味，游日月之外，以食救万物；乃至南垂。目此树表，有鸟若'号鸟'，以口啄树，粲然火出。圣人感焉，因取小枝以钻火，号燧人氏。"《礼古文嘉》云："燧人始钻木取火……遂天之意，故为燧人。"《九州论》有"燧人氏夏取枣杏之火"的传说。

大约10万年前，燧人氏是一个部落的首领。他经常带领人们去山林里打猎。有一次，不知什么原因，山林里起了大火。大火熄灭后，留下许多被烧死的动物尸体。燧人氏捡起一只山鸡品尝，哦，味道好香啊，比生青蛙好吃得多。他又把刚抓的一只青蛙在还没有熄灭的火上烧烤，结果发现味道真的很好。

于是，他让大家把这些烧熟的飞禽走兽，捡回家去吃。熟肉吃完之后，他们只好又去打猎，重新吃生肉，喝生血。这时，人们都觉得生肉真不好吃，他们盼望山林里能再来一场大火，给他们送来香喷喷的熟肉。

一天，从天上飞来一只大鸟。大鸟飞到燧人氏的面前停下来，看着他说："你不是想要火吗？太阳宫里有，我带你去吧。"

燧人氏听后十分高兴，就骑到大鸟的背上，向太阳宫飞去。他到达太阳宫时，太阳公主对燧人氏说："你是人间的帝王，太阳宫里有很多宝贝，你可以随便挑，你想要什么，我就给你什么。"

燧人氏说："我只要火。"太阳公主说："我这里有一块会生出火的宝石，就送给你吧。"燧人氏接过这块宝石，高兴地谢过太阳公主，又骑上大鸟飞回人间。

如此，过去许多天，燧人氏等啊等啊，怎么也看不见宝石生出火来，燧人氏好心急呀，他说："太阳公主骗我。这宝石生不出火来，我要它有什么用！"说着抓起宝石，狠狠地向大石头上摔去。只听"嘭"的一声，火花四溅。燧人氏这下子明白过来，只有用宝石去击石头，才能生出火来呀。

他又试试功效，果然，击石的方法可以得到火种。从此，人们学会击石取火，再也不吃生肉，喝生血了。火给人们的生活带来很多好处和方便，燧人氏击石取火给人类造福，人们都感谢他，敬仰他。据说，燧人氏死后，人们为他修建了一座大墓，直到今天还保存着。

其实，按照科学解释，应该是早期人类在生产劳动过程中，发现有些物体相互撞击可以产生火花，慢慢地发现了钻木取火的道理，由此掌握了取火的主动权。

▼原始人在居住的山洞取火

语言：思维的载体

语言，是人类伟大的发明之一。语言是人类的创造，只有人类有真正的语言。虽然有些动物也可以发出声音，也可以用声音交流，但是这种交流是偶然并且不规律的，并不能称其为语言。语言是思维工具和交际工具。它同思维有密切的联系，是思维的载体和物质外壳和表现形式。语言是一种符号系统，它是以语言的意思为内容，以语言的发音为外壳，以词汇和语法为材料构筑成的一个体系。

▲语言是原始人生活与写作的需要

语言的产生

人类语言大致产生在五万年前，这个时候的人类已经经过了几个阶段的进化，包括手巧的人（能人）、直立的人（直立人）、和智慧的人（智人）三个阶段。同时，人类的器官也相应地随之进化，可以发出语音。智力和器官的相应准备工作都已完成。语言也就随之产生了。

语言的作用，是人类社会形成后交流的需要。所以，它出现在人类社会形成之后。人类社会是伴随着人类的出现而形成，人类一产生，人类社会也随之出现。因为人类不可能单独脱离动物界，而是以"原始人群"的形式脱离动物界，"原始人群"内部需要交流，随着活动的日益复杂，从简单的鸣叫逐渐发展为成音节的语言。最早的语言便这样产生了。

在中国，据考古学家、古人类学家的研究，在距今 70 万年至 20 万年前的"北京

孔子：《论语》

子曰："学而时习之，不亦说乎？有朋自远方来，不亦乐乎？人不知而不愠，不亦君子乎？"

子曰："温故而知新，可以为师矣。"

子曰："学而不思则罔；思而不学则殆。"

子曰："由，诲女知之乎？知之为知之，不知为不知，是知也。"

子贡问曰："孔文子何以谓之'文'也？"子曰："敏而好学，不耻下问，是以谓之'文'也。"

子曰："默而识之，学而不厌，诲人不倦，何有于我哉！"

子曰："三人行，必有我师；择其善者而从之，其不善者而改之。"

子曰："知之者不如好之者，好之者不如乐之者。"

子在川上曰："逝者如斯夫，不舍昼夜。"

子曰："吾尝终日不食，终夜不寝，以思，无益，不如学也。"

▲原始人的共同劳作促进了语言的发展

人"时就已经有了简单的语言。

语言的种类

在人类产生伊始，人类并不会用语言交流。人类的活动只是单个个体的活动，没有分工合作。而没有分工合作的原因，是没有有效的交流方式。交流可以通过很多的方式，但是语言是最基础、最便捷的交流方式。

由于生存地点和环境的不同，人类的语言多种多样。据德国出版的《语言学及语言交际工具问题手册》说，现在世界上查明的有 5651 种语言（当然，这个数字还在增加中）。其中 4200 种左右得到人们的承认，成为具有独立意义的语言。其余有 500 种语言为人们所研究。另外，有 1400 多种还没有被人们承认是独立的语言，或者是正在衰亡的语言。如澳大利亚有 250 多种语言仅被 4 万多人使用，而这些澳大利亚土著民族还不得不使用英语，长期以来，这些语种便渐趋衰亡。在美国同样也有很多正在衰亡的语言。如北美印第安人有 170 种语言，其中许多种语言如今只有一小部分人用它们来交谈。

一种得到普遍认可的对语言的分类如下。

（一）印欧语系

印欧语系是最大的语系，下分日耳曼、拉丁、斯拉夫、波罗的海、印度、伊朗等语族。世界上除了亚洲（不含南亚各国）外，各大洲大部分国家都采用印欧语系的语言作为母语或官方语言。使用人数大约 40 亿，占世界人口的 70%。

（二）汉藏语系

汉藏语系是仅次于印欧语系的第二大语种。使用人数大约 15 亿。下分汉语和

▼早期的文字产生是语言发展的飞跃

世界上主要语言的使用人数

汉语 使用人口达 13 亿多，占全球人口 20% 以上。

英语 使用人口达 5 亿多，但学习英语者至少在 10 亿人以上。

印地语 使用人口 5 亿以上，主要是印度。

西班牙语 使用人口 4 亿以上。

俄语 使用人口 3 亿以上。

阿拉伯语 使用人口 3 亿以上。

孟加拉语 使用人口 2 亿以上。

葡萄牙语 使用人口近 2 亿。

法语 使用人口约 1.9 亿。

马来语及印尼语 使用人口超过 1.5 亿。

日语 使用人口近 1.5 亿。

朝鲜语（韩语）使用人口超过 8000 万。

藏缅、壮侗、苗瑶等语族，包括汉语、藏语、缅甸语、克伦语、壮语、苗语、瑶语等。还包括阿尔泰各语族，如西阿尔泰语族、东阿尔泰语族。前者包括突厥诸语言以及前苏联境内的楚瓦什语，后者包括蒙古语以及前苏联境内的埃文基语。

（三）非太语系

非太语系包括除欧亚语系、南北美洲以外其他各国的语言。非洲及太平洋诸国属于这种语系。

（四）人造国际语系

人造国际语是人们解决互相交往中语言障碍的一个方法。在当今全球化的趋势下，更需要有一种国际通用的语言，实现人们的互相交流。第一个在国际上获得较大影响的人造语，是由德国教长施莱耶（Schleyer）于 1879 创造的沃拉普克语（Volapuk）。1887 年波兰人柴门霍夫创造世界语（Esperanto）。世界大同语（Mondlango）。除了沃拉普克语、大同语和世界语之外，其他影响较大的人造语还有：伊多语（Ido）、西方语（Occidental）、诺维亚语（Novial）、英特林瓜语（Interlingua）、格罗沙语（Glosa）、欧盟语（Atlango）等。

▼动物也有"语言"交流

动物语言

自然界中的动物也有着自己的语言，动物的语言通常包括以下几种。

（一）声音语言

许多动物会发出声音，这些声音往往成为动物之间交流信息的独特的声音语言。例如，蟋蟀能利用翅膀摩擦发出像乐曲一般清脆动听的声音来表现它们的种种"感情"。当雌雄相处时，声调轻幽，犹如情人窃窃私语；当独处一方时，它就发出高亢的强音来招引朋友。

（二）气味语言

有些动物常常以特殊的气味（信息素）来达到引诱异性、追踪目标、鉴别敌友、发出警报、标明地点、集合或分散群体等目的。这种气味虽然没有声响，但也算是一种语言。例如，蜂王通过分泌一种唾液产生的气味招引工蜂来为自己服务；雌蛾产生的气味能引诱距离很远的雄蛾；蚂蚁利用味觉和嗅觉彼此进行联系，识别同窝伙伴；雄鹿在求偶时，它会用身上的芳香腺往树上擦，这样，树上便留下了自己的气味，于是，雌鹿闻到它的气味以后就会循踪而至。

（三）行为语言

动物还会运用各种不同的行为来表达它们的意思，这也是一种无声的语言。例如，长颈鹿在发生危险时，会用猛烈的惊跑来向同伴传达警报；野猪在平时总是把尾巴转来转去，但一旦觉察到有危险时，就会扬起尾巴，在尾尖上打个小卷给同伴报警。

▲有些动物能模仿人类发音，但不是真正的语言

只有人类语言才是真正意义上的语言

人类语言的创造性是它有别于动物语言的根本标志。动物语言与人类语言的差别主要有以下几点。

1. 人类语言清楚明确，动物语言是囫囵一团，不能分析的。

2. 人类语言的语音语义结合具有随意结合性特点。

3. 人类语言结构具有双层性，可以用有限的语言单位如词组组成无限的句子，动物的语言没有这种双层性。

4. 人类语言具有与外界交流性，它是一种开放交流的系统，虽然音位数量有限，可是经替换与组合，可以构成无限的句子。开放交流性还体现在语言是随着社会的进步而进步的，不断产生新词，吸收其他民族的词语，随着一些社会现象的消失，语言中相应的词也隐匿或消失，动物的语言没有这种变化。

5. 人类语言具有传授性，人类语言是可以被传授的，人类可以掌握什么样的语言是后天学会的，动物的语言则是天生的，不需要学习。

6. 人类语言不受时空限制，它可以表达过去的事情，也可以阐述未来的事情。

石器：改变了类人猿的大脑

▲原始人使用的各种石器

▲新石器时期的原始人石雕

众所周知，人类从爬行的猿类进化到直立行走的人类经历了一个漫长的过程，这个过程是许多因素共同作用的结果，在这些因素中石器起到了决定性的作用，是石器使得类人猿成为了真正的人。

石器时代是人类进化的时代

石器指以岩石为原料制作的工具，它是人类最初的主要生产工具。石器时代是考古学对早期人类历史分期的第一个时代，即从出现人类到铜器的出现，始于距今二三百万年，止于距今6000至4000年。这一时代是人类从猿人经过漫长的历史，逐步进化为现代人的时期。

石器时代通常划分为三个独立的阶段，即旧石器时代、中石器时代和新石器时代。

（一）旧石器时代是以使用打制石器为标志的人类物质文化发展阶段。从距今约250万年前开始，延续到距今1万年左右止。

（二）中石器时代是旧石器时代和新石器时代之间的人类物质文化发展过渡性阶段。直接取之于自然的攫

出土的石器

神像飞鸟纹琮新石器

上海青浦福泉山良渚文化墓葬出土的神像飞鸟纹玉琮，湖绿色，玉质晶莹，有透光性。在琮体四面分别琢出一组神人兽面纹，即良渚先民崇拜的神像。其四角有四只飞鸟，为神像的使者。玉琮是史前时期祭典和殓葬的重要礼器。

新石器玉玲

玉玲是人骨口中发现的一种玉器，最早出现在新石器时代的崧泽文化遗址中。此玲造型简洁，呈鸡心形。中穿一大孔，是以管钻从单面钻成。通体琢磨精致。

取性经济高涨，并向生产性经济转化的时期。从距今约 1.2 万年前开始，结束的年代在各地区很不一致。

（三）新石器时代是以使用磨制石器为标志的人类物质文化发展阶段。从距今约 1.8 万年前开始，结束时间从距今 5000 年至 2000 年不等。

最早会使用石器的是能人

类人猿是猩猩科和长臂猿科动物的总称，也叫作猿类。包括大猩猩、黑猩猩、猩猩和长臂猿等。因其形态结构和生理功能与人相似，亲缘关系与人最为接近，故称类人猿，类人猿是灵长目中除了人以外最为高等的动物。经典人类学家一般认为，从猿类进化到人类，大约经过了 800 万年的漫长历程。这历程可以分为五个阶段：古猿——能人——直立人——早期智人——晚期智人。

由猿分化出来的最原始的人种代表是古猿，能直立行走，具有猿和人的混合特征。代表了由猿到人演化过程的过渡阶段。它们生活在距今 600 万 ~ 120 万年期间的东非和南非等地。它们的脑容量由早期的 500 毫升变到晚期的 725 毫升。它们可能像现代的类人猿一样具有即兴使用树枝、木棍、石块的能力，但无有意识制造工具（石器）的能力。

▲原始人使用的精美石器

▲经过精心打磨的石器

能人的发现过程

1960 年，乔纳森·利基（Jonathon Leakey）在奥杜韦峡谷发现了一种人类的头骨骨片，还发现有与之相关的下颌骨、手骨以及其他的一些锁骨、手骨和足骨。这块头骨片相对较薄，表明这个个体比已知所有的南方古猿都要体格轻巧。其他的骨骼也证明这样的推测，尤其是颊齿较小。另一位考古学家路易斯·利基把这个新类型命名为能人，作为人属的第一个早期成员，意思是"手巧的人"，因为推测发现这个时代的工具就是他们制造的。

与能人化石一起被发现的还有石器。这些石器包括可以割破兽皮的石片，带刃的砍砸器和可以敲碎骨骼的石锤，这些都属于屠宰工具。因此，可以说能够制造工具和脑的扩大是人属的重要特征。

▲新石器时期的人类墓葬遗址

大约在距今 300 万年前后，能人由南方古猿演化出来，能人是最早使用和有意识制造石器的原始人类。它们生活在距今 250 万～150 万年期间，代表了人类演化历史中的早期猿人阶段。它们的平均脑容量约 650 毫升。它们制造的石器是一些由砾石打制而成的粗制砍砸器，在考古学中被称为奥杜韦文化。到目前为止，这一演化阶段的人类化石和文化遗址主要分布在东非地区和我国的云南省。我国云南的元谋猿人生活时代距今约 170 万年。

石器使猿人大脑发展

猿人与现代人的根本区别就在于身体的发达程度和脑容量的大小。身体的发达程度随着类人猿的各种运动而进化，脑容量随着人类对外界信息的"加工"来进化。通过研究发现，人类从类人猿的脑容量进化到现代人的过程中，石器起到了关键的作用。这种作用包括了以下两方面。

（一）运动方面

在旧石器时代早期采用直接打击法，晚期采用间接打击法。直接打击法分为碰砧法、锤击法、锐棱砸击法、砸击法四种。间接打击法分为压剥法和钳击法。每一次打击石器动作的完成都需要几十块肌肉准确有序的运动，这极大地促进了人类身体肌肉的发展。

（二）信息"加工"方面

一个打击石器的动作要包括"规划—选择—决策—执行—反馈—调整"等一系列环节才能够完成。在这一过程中，类人猿要对外界的各种信息进行"加工"。包括选择石材，选择地点，考虑打磨石器的形状，决定打磨的动作等。这些过程无一不需要对信息进行"加工"，在这一"加工"过程中，类人猿的脑容量有了大幅度的提高和发展。

中国发现的晚期智人

中国最先发现的晚期智人化石就是著名的周口店山顶洞人。这些化石是 1933 年在龙骨山的山顶洞中被发掘出来的，新中国成立后，我国广大地区又发现了一系列重要的晚期智人化石。其中包括进化程度与山顶洞人相当的柳江人头骨（发现于广西壮族自治区柳江市），比山顶洞人和柳江人进步的资阳人头骨（发现于四川资阳市）和穿洞人头骨（发现于贵州普定县），以及分别被称为河套人、来宾人、丽江人和黄龙人的零散化石材料。

服饰：文明的转折

俗语说"人靠衣装马靠鞍"，这从一定程度上反映出服饰对于人类的重要性。服饰是人类所特有的劳动成果，它既是物质文明的结晶，又具精神文明的内涵。服饰从产生时起，就将人们的生活习俗、物质生产、审美情趣、色彩爱好以及种种文化心态、宗教观念，蕴含于服饰之中，构筑起服饰文化精神文明的内涵。

▲原始人最初可能以兽皮御寒

服饰使人类脱离裸体状态

《旧约全书》的传说中描述，亚当和夏娃起初是裸体的，其后因听信蛇的蛊惑，偷吃了禁果，知道了羞耻，所以扯下无花果叶遮蔽下体。这是服饰的最初状态。这种"遮羞"的行为，是人类文明中才会有的行为。因此，这个人类脱离裸体状态到着装状态的过程也是人类从原始时代到文明时代的过程。《旧约全书》的传说只是一种佐证，但是对于原始人的各种研究表明，人类在原始时代向文明时代转变的过程中，服饰的出现，是一个转折。

◀原始的兽皮服装

服饰产生的原因，通常有以下三种。

（一）为了抵御寒冷

在远古时代，人类很难抵御一些异常寒冷的天气。后来人类偶然发现，服饰可以抵御自然界中的寒冷气候。这是服饰产生的最基本的作用。

（二）为了人身安全

原始人经常需要打猎和争斗，在争斗过程中，披上兽皮可以保护身上较为柔软、易受攻击的部位。有时为了需要，还可以用兽皮掩护自己。这是原始人为了生存对服饰的另一种应用。

（三）为了祭祀祈福

爱德华·麦克诺尔在《世界文明史》中提到："有充分证据说明克鲁马努人有高度发达的神灵界观念……他们在身上着色、

文身和佩戴饰物说明了这一点。"由此可见，在远古时代，服饰可以用来进行有关神灵的活动。

服饰所具有的文化意义

服饰具有诠释文明的作用。例如，对于社会中的每一个人，服饰是展示他外观的主体。通过服饰，可以显示出个人的文化、修养、素质、品格。服饰是社会的一面镜子，可以反映出整个社会的文化观念和文明内涵。同时，作为一种社会文化现象，服饰不可避免地受到社会的反作用，受到社会文化的冲击。社会文化不断地为服饰增添新的内容，创造新的内涵，服饰就在与社会文化的作用与反作用中不断地变革发展。

服饰所具有的这种文化意义使得服饰带有鲜明的民族性、地域性特点。如藏族服饰，藏族生活在地势高，气候寒冷，自然条件恶劣的世界屋脊上，以牧业、农业为主，这就决定了藏族服装基本特征是宽大暖和、厚重保温。为了适应逐水草而居的流动性牧业生产，逐渐形成了大襟、束腰，在胸前留一个突出的空隙（酷似袋子），这样外出时可存放酥油、茶叶、糌粑、饭碗，甚至可以放幼儿；天气炎热或在土地上劳作时，根据需要可露出右臂或双臂，将袖系于腰间，调节体温，需要时再穿上，不必全部脱穿，非常便利；夜晚睡觉，解开腰带，脱下双袖，铺一半盖一半，成了一个暖和的大睡袋，可谓一物多用。

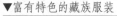

▼富有特色的藏族服装

胡服骑射

"胡服骑射"指公元前 3 世纪的战国时期，赵国的武灵王采用西方和北方民族的服饰，教赵国人民学习骑射。胡服骑射在历史上的意义是通过对于服饰的改革最终达到强盛国家的结果。

▲胡服骑射纪念雕像

赵武灵王即位的时候，赵国正处在国势衰落时期，赵国眼看着要被别国兼并。

赵国经常与北方游牧民族接触。赵武灵王看到胡人在军事服饰方面有一些特别的长处：穿窄袖短袄，生活起居和狩猎作战都比较方便；作战时用骑兵、弓箭，与中原的兵车、长矛相比，具有更大的灵活机动性。

为了富国强兵，赵武灵王提出"着胡服""习骑射"的主张，决心取胡人之长补中原之短。可是"胡服骑射"的命令还没有下达，就遭到许多皇亲国戚的反对。赵武灵王冲破守旧势力的阻拦，毅然发布了"胡服骑射"的政令。赵武灵王号令全国着胡服，习骑射，并带头穿着胡服去会见群臣。胡服在赵国军队中装备齐全后，赵武灵王就开始训练将士，让他们学着胡人的样子，骑马射箭，转战疆场，并结合围猎活动进行实战演习。

在赵武灵王的亲自教习下，国民的生产能力和军事能力大大提高，在与北方民族及中原诸侯的抗争中起了很大的作用。从胡服骑射的第二年起，赵国的国力就逐渐强大起来。后来不但打败了经常侵扰赵国的中山国，而且夺取林胡、楼烦之地，向北方开辟了上千里的疆域，并设置云中、雁门、代郡行政区，管辖范围达到今河套地区。赵武灵王"胡服骑射"是我国古代军事史上的一次大变革，被历代史学家传为佳话。

关于《赵武灵王胡服骑射》的记载

赵武灵王北略中山之地，至房子，遂之代，北至无穷，西至河，登黄华之上。与肥义谋胡服骑射以教百姓，曰："愚者所笑，贤者察焉。虽驱世以笑我，胡地、中山，吾必有之！"遂胡服。国人皆不欲，公子成称疾不朝。王使人请之曰："家听于亲，国听于君。今寡人作教易服而公叔不服，吾恐天下议之也。制国有常，利民为本；从政有经，令行为上。明德先论于贱，而从政先信于贵，故愿慕公叔之义以成胡服之功也。"公子成再拜稽首曰："臣闻中国者，圣贤之所教也，礼乐之所用也，远方之所观赴也，蛮夷之所则效也。今王舍此而袭远方之服，变古之道，逆人之心，臣愿王熟图之也！"使者以报。王自往请之，曰："吾国东有齐、中山，北有燕、东胡，西有楼烦、秦、韩之边。今无骑射之备，则何以守之哉？先时中山负齐之强兵，侵暴吾地，系累吾民，引水围鄗；微社稷之神灵，则鄗几于不守也，先君丑之。故寡人变服骑射，欲以备四境之难，报中山之怨。而叔顺中国之俗，恶变服之名，以忘鄗事之丑，非寡人之所望也。"公子成听命，乃赐胡服，明日服而朝。于是始出胡服令，而招骑射焉。

自建居所：人类向文明跨进

从原始人群到氏族公社，人类的祖先，生活状态是怎样改变的？古人想象出许多与远古原始人的生活状况相关的传说。其中就有关于原始人的住所。原始人的生产工具十分简单，周围又有许多猛兽，随时随地会遭到它们的伤害。后来他们看到鸟儿在树上做窝，野兽爬不上去。原始人就学着鸟儿的样子，在树上造起小屋。可是树上的巢难以遮风挡雨，又不太安全，比如不小心会掉下来。后来的聪明人就慢慢学会了在地面上修建房屋。

▲早期人类在修建住所

居所是人类生存的需要

史书上说：上古时人类少而禽兽多，人类居住在地面上，经常遭受禽兽的攻击，每时每刻都存在着伤亡危险。在恶劣环境的逼迫下，部分人类开始往北迁徙。他们来到今山西和陕西一带，受鼠类动物的启发，在黄土高原的山坡上打洞，人居住在里面，用石头或树枝挡住洞口，这样就安全了许多。可是北方气候寒冷，许多人宁愿留在危险的南方，也不肯往北迁移。

大约距今5万年前的时候，有巢氏出现了。传说他出生在九嶷山以南的苍梧，曾经游过仙山，得仙人指点而有了超人的智慧。他受鸟类在树上筑巢的启发，最先发明了"巢居"。他指导人们用树枝和藤条在高大的树干上建造房屋，房屋的四壁和屋顶都用树枝遮挡得严严实实，既挡风避雨，又可防止禽兽的攻击，人们从此不再过那种担惊受怕的日子。

人们非常感激这位发明巢居

有巢氏的传说记载

有巢氏是中国古代神话中发明巢居的英雄，也被称为"大巢氏"。起初，人民穴居野外，受野兽侵害，有巢氏教民构木为巢，以避野兽，从此人民才由穴居到巢居。《庄子·盗跖》："古者禽兽多而人民少，于是民皆巢居以避之。昼拾橡栗，暮栖木上，故命之曰有巢氏之民。"《太平御览》卷七八引《项峻始学篇》："上古穴处，有圣人教之巢居，号大巢氏。"晋张华《博物志·杂说上》："昔有巢氏有臣而贵，任之专国主断，已而夺之。臣怒而生变，有巢以亡。"

▲河姆渡人居所复原图

▲原始人居住过的土穴

的人，便推选他为当地的部落酋长，尊称他为有巢氏。

有巢氏被推选为部落酋长后，为大家办了许多好事，名声很快传遍中华大地。各部落的人都认为他德高望重，有圣王的才能，一致推选他为总首领，尊称他为"巢皇"，也就是部落联盟总部的大酋长。

固定的居所促进了文明的发展

传说有巢氏执政后，迁都于北方圣地石楼山。石楼山就在今山西吕梁市兴县东北，当时有巢氏命人在山上挖了一个洞，他就居住在山洞里处理政务。所以后世人便把石楼山称作有巢氏的皇都。

因为有了相对固定和安全的住所，人类的生产和人口增长都有了重大突破。有巢氏时期，人类社会组织逐步进入到母系氏族公社阶段。当时的社会活动主要是男子打猎和捕鱼，女子采集野菜和挖掘块根。

此时，人类的婚姻形式已经有了很大改变，不仅排除了兄弟姐妹间的通

▼原始人积聚地遗址

婚关系，同一族团内部的同辈男女也禁止通婚了。男子只能选择其他族团的女子为"妻"，女子只能选择其他族团的男子为"夫"。就是说甲族团的一群男子（或女子）可以和乙族团的一群女子（或男子）互为夫妻，这便是母系氏族社会的族外群婚。

族外群婚只准许甲（乙）族团的一群男子夜里到乙（甲）族团和那里的一群女子过性生活，第二天早晨这些男子就得回到本族团去，不准许留在女子所在的族团。而女人一生都不准许离开本族团。这种族外群婚相对于血缘群婚，显然已经有了很大的进步。

▲现代居所

早期人类居所的发展

原始人类最初居住在山洞、树洞等天然居所之中，以后又有在树上搭巢而居的情况。天然住所的利用，在一定程度上使人们免遭野兽的侵袭，但是风雨和潮湿仍严重地影响着人们的健康。

随着生产力的发展，人类从旧石器时代晚期开始建造人工住所。由于当时人们过着不定居的生活，最初的人工居所很简单，易建易移，便于迁居。

进入新石器时代，随着农业生产的发展，人们开始过定居生活，住所也逐渐固定化。人们根据不同的地理环境，修建了不同形式的居室。北方多采用土木结构的穴居、半穴居建筑形式，这些建筑对取暖、防潮、烧煮食物、透光、通风、储藏食物、饲养家畜均有所考虑。南方多建有干栏建筑，以适应南方地势低洼、气候炎热、降雨频繁、蛇虫较多的环境特点。这些最初的居所建筑，对人类的卫生保健是十分有益的。同时也促进了群体生活的发展，逐步形成了部落。

有巢氏名称及其来历

有巢氏，又叫"大巢氏"。《始学篇》记载："上古皆穴处，有圣人教之巢居，号'大巢氏'。"《通志·三皇纪》记载："厥初，先民穴居野处，圣人教之结巢，以避虫豸之害，而食草木之实，故号'有巢氏'，亦曰'大巢氏'。"《中国远古和原始社会的传说及近代考古学的发现》说："有巢氏，又名'大巢氏'，因教民巢居而得号。"

生产力的飞跃

在距今一两万年前的远古时代，一种新的工具——弓箭，被原始人发明出来。弓箭的发明对人类社会的发展和科技的进步有着十分重要的作用。它让生产力产生了质的飞跃，很大程度上改变原始人的生活状态，让原始人向现代人更近一步。

弓箭促进生产力发展

1963年我国的考古工作者在山西峙峪发掘出一枚石箭。据测定，它是距今约3万年以前的产物。弓箭的发明是生产力史上的一次重大的飞跃。弓箭的应用等于提高了人类的奔跑速度，增加了人类的打击力量，延伸了人类的手臂长度，从而大大提高了人类的狩猎能力。考古证据证明，在弓箭发明后，原始人的狩猎活动就进入了一个更高的水平。因为在这一时期的考古发掘中，突然

▲出土的远古时期的石箭头

增加了许多羊、马、驴骨化石密集成层堆积现象。这种现象表明这一时期的狩猎活动更有效，生产效率得到大幅度提升。而产生这一现象的原因是一种新的工具和狩猎方法出现，它就是弓箭。有了弓箭，人类可以利用弓箭有组织地狩猎，这样大大提高了生产效率，使猎物有所剩余，而剩余的猎物则被饲养起来，使人类由狩猎逐渐进入畜牧的时代。

▼古人使用的弓箭

同时，人类发明了利用弓弦绕钻杆打孔的方法用来钻木取火，又发明了摩擦生热的制火技术，增加了一种全新的生产手段，使人类的生产力进一步提高，从而提高了人类的生活质量。随后人类用火烧制黏土，发明了制陶技术；用火熔化铜和铁，制造出金属农具。通过用火的各种用途来发展生产力，促进社会进步。

弓箭促进人类发展

弓箭对于人类发展除了直接作用在生产力方面外，对于人类自身的发展也有着极大的促进作用，而人类自身的发展又会反作用于生产力。弓箭对人类自身发展的促进作用主要体现在以下方面。

（一）促进人脑进化

弓箭的运用使得人类通过狩猎可以获得更多的猎物，这些猎物为人类提供了大量的肉类蛋白质，肉类蛋白质的大量获得对于原始人类大脑的进化起着关键的作用。在获得充足肉类蛋白质的保障下，

▲弓箭在早期人
类战争中作用
重大

原始人类大脑的脑容量得到扩大。

（二）保障人类生存

在原始时代，自然界中的动物既是原始人的食物也对原始人造成威胁。弓箭的发明让原始人在与动物的搏斗中可以使用武器，一定程度上保证了原始人的生存。在部落中也是如此。掌握弓箭的原始部族在部族间的冲突争斗中占据着有利位置，弓箭成为保卫自身安全、取得胜利的关键武器。有了弓箭以后，人类获得了狩猎、生存和安全的更大自由与保证。

弓箭的种类

弓有牛角弓、复合弓和滑轮弓，后两种弓都是现代材料制成，一般是作为比赛用器具。

牛角弓是中国古代弓箭的巅峰之作，不亚于目前用现代材料制作的弓。牛角弓由牛角、竹木胎、牛筋、动物胶等材料经过百十道工序加工而成，技术难度高，制作周期长，但不能长期保存，最长也就能保存百十年。复合弓是源自亚洲的武器，以混合的木材或

▲弩——弓箭的
改进版

骨头构成的细长片制造。这种层压物可以制造出极具威力的弓。比较短的复合弓最适合作为马骑弓兵的武器，尤其是蒙古人和其他来自亚洲的骑手。复合弓的变形是在制造的时候，让它的两端往前弯曲(以蒸汽处理和用力挽拉此层压物)，这种后弯的弓可产生更大的力量，并需要超强的体力和熟练的技术操作。滑轮弓由弓把、弓片、弦和设在弓片两端的滑轮组成，滑轮上设有半径不等的内环道和外环道。滑轮与弓片以轴连接，且轴心偏离圆心，弦经过一端的滑轮后再固定在另一端的弦片上。用时，随着弦的拉开，所需的拉力越来越小。拉开时，只需很小的力便可使弓处于待发状态，便于瞄准。放开后，弹射迅速，箭速快、射程远，易于击中目标。

弓箭与文化

　　弓箭也有一些文化含义。

　　（一）弓箭表示礼仪

　　在古代，弓箭用来表示礼仪。如"弓矢斯张、干戈戚杨"是描写公刘率本部族迁徙准备出发时的壮观场面。它反映出早在奴隶社会时期，弓箭已经成为一种重要的仪仗礼器。

　　（二）弓箭用于教育

　　古儒家教育一直把习射作为一种对受教育者实施德、智、体及心理素质训练的教育手段。孔夫子"六艺之教"中的射有5种含义，其中"白矢、参连、剡注、襄尺"为射技要求，第5种为"井仪"，它特别强调的是为臣子的在与君主习射时要在君主后面，不能逾越君臣的等级差别。

◀现代高科技红外弓箭

畜牧使生活稳定

▲远古壁画反映当时已经开始了动物养殖

人类从起初的狩猎活动到后来的畜牧活动的过程，也是人类从四处游走到稳定生活的过程。畜牧使得人类稳定的生活成为了现实，结束了原始人迁徙打猎的生活习惯，使得人类停下脚步，开始寻求稳定与发展。

畜牧过程需要固定的地点

畜牧，指采用畜、禽等动物，或者鹿、麝、狐、貂、水獭、鹌鹑等野生动物，通过人工饲养、繁殖，使其将牧草和饲料等植物能转变为动物能，以取得肉、蛋、奶、毛、绒、皮、丝和药材等畜产品的生产过程。畜牧的过程包括整个从饲养到取材的过程，是人类与自然界进行物质交换的极重要环节。这个过程需要一个稳定的环境来进行。因此，为了使畜牧获得更好的产出，人类开始寻求稳定。

以饲养羊群为例：饲养羊群首先需要寻找到一处稳定的环境，给羊群建造羊圈。找到充足的饲料保证羊群的生长发育。在经过一段时间的发育后，一些羊的毛和肉就可以作为畜产品产出了。另外一些羊可以继续生殖繁衍，繁殖出更多的羊。这样就构成了一个完整的畜牧过程。经过这个过程，人类可以得到许多种类的畜产品。

畜牧使人类的生活稳定

在远古时代，原始人终日为觅食而奔波。这时的人类，为了生存只能顺应自然规律适应自然环境，跟随着自然的变化来迁徙以选择到合适居住地点生活。由于没有工具，生产力低

▼猪是人类较早驯养的动物之一

下，原始人所获取的猎物仅够果腹，没有剩余。原始人与自然界中的其他动物没有根本性的差别显现。

随着原始人发明并开始利用工具，生产力得到了极大的提高。原始人的狩猎活动开始有了剩余，这些剩余的动物被原始人开始拿来饲养。这样，原始人就不需要终日随自然变化而奔波，人类开始有了稳定的生活。而这一时期，就是人类由狩猎活动进入到畜牧活动的时代。

随着人类对自然规律了解得越来越多和更多工具的发明，人类的生产力有了质的飞跃。在此时，畜牧业为人类提供了丰富的物质，从而为人类精神文明的发展提供了物质保证。

▲蜂和蚕是人类驯养的小型经济动物

▲被驯养的鸽子

我国畜牧业的历史

（一）先秦时期

夏商时期的农牧业较之以往有很大的发展。由于采用专职人员进行放牧，放养与圈养相结合，制备贮存稻草饲料等措施，使得畜群不断增长。定期配种和淘劣选优的配种制度使畜群的品质不断提高。在反映了夏代情形的《夏小正》中，有关于牲畜的配种（执陟）、草场分配（颁马）和公畜去势（攻驹、攻特）的记载。

关于西周时期畜牧情况的记载多见于流传下来的古文中，如《诗经·君子于役》："鸡栖于埘，羊牛下来"，反映了在农村中人们普遍饲养畜禽的情景。《诗经·无羊》："谁谓尔无羊？三百维群"，反映了贵族畜群的庞大。

春秋战国时期的养畜业很被重视，《礼记·曲礼》："问庶人之富，数畜以对。"显示出家畜成为衡量社会财富的标志。《管子》把畜牧生产发达与否作为判断一个国家贫富的标志。

(二) 秦汉时期

秦汉时代中国建立了统一的中央集权的封建帝国，中央集权使得畜牧生产的经营管理体制逐渐完备，畜牧生产在国民经济中的地位日益提高。在秦朝初期的畜牧业分为国家所有、皇室所有、地主经营和小农经营。后来有所改革，但在性质上仍大体区分为官办和民间经营两大类型。

(三) 隋唐时期

唐朝国力强盛，是中国封建社会的鼎盛时期，同时也造就了中国古代畜牧生产、畜牧科技的鼎盛期。唐初接收隋留下的繁育马3000匹于赤岸泽，约经50年的努力，至麟德年间监牧马已发展至74万匹。为了保护畜牧生产的顺利发展，在太仆寺系统内工作的兽医达600人，并有兽医博士4人。还以西北地区为基地，设立48监以养马，并择优建立了马籍，使良马繁育工作有了科学依据。

(四) 宋元明清时期

宋朝初年，养马最多时达15万匹。后来，由于战事影响，国家所养马匹的规模明显减小。而辽、金、西夏畜牧业相当发达，统治者对畜牧业很重视。元在全国设群牧所14个，周回万里，均是牧地。明初军民严重缺马，120万人的军队，官兵仅有4.5万匹马，所以明朝政府特别重视养马业的恢复。明代后期，由于天灾人祸，大家畜生产受到严重影响。清代为防止汉人反抗，在中原及江南农区，推行禁止农民养马的政策，废除明代官督民牧制度。但是明清时期，在养猪、养羊方面有较大的发展。

我国畜牧的起源

距今9100年前的广西桂林甑皮岩遗存第一文化层出土的猪骨，是迄今中国最早的家畜遗存，其数量在出土全部兽骨中占的比例最大，并反映了猪在长期豢养后体质和形态的变化。在距今7000年的浙江桐乡罗家角和余姚河姆渡遗址，反映水牛当时已成为家畜。在距今将近8000年的河北武安磁山遗址，也有家养的猪、狗、鸡、黄牛。长城以北传统牧区家畜驯化的时期，由于考古材料的不足，目前尚难作出肯定结论。

在中国新石器时期，传统的"六畜"——猪、狗、牛、羊、鸡和马已基本齐备。陕西临潼姜寨遗址的畜圈紧挨居所，旁有灰坑。其牲畜夜宿场则远离房屋，范围比圈栏大得多，说明当时有圈养和放牧两种形式应用于不同的畜种。龙山文化大家畜的饲养相当普遍，马牛开始成为役畜，家畜的体质形态基本与现代家畜相同。

◀马是人类早期驯养的大型动物之一

制陶术是伟大的发现

陶器指以黏土为胎，经过手捏、轮制、模塑等方法加工成型后，在 800～1000℃ 高温下焙烧而成的物品，坯体不透明，有微孔，具有吸水性，叩之声音不清。陶器所表现的内容多种多样，动物、楼阁以及日常生活用器无不涉及。

陶器是人类文明发展的重要标志

陶器的发明，是人类文明发展的重要标志。从发明陶器开始，人类开始第一次利用天然物，按照自己的意志，创造出一种崭新的东西。人类用黏土加水混合，制成各种器物的形状，干燥，用火焙烧，产生质的变化，形成陶器。陶器的发明，大大改善了人类的生活条件，揭开了人类利用自然、改造自然的新篇章，具有重大的划时代意义。在人类发展史上开辟了新纪元。

陶器的发明还和农业经济的发展有关系，据考古研究发现，一般是先有农业，然后才出现陶器。这些陶器的创造发明，无疑应归功于妇女。因为在古代性别分工原则的支配下，妇女是家里的主人，首先从事这些活动，最有可能创造发明出陶器。这种假说可以从出现在云南景洪傣族妇女慢轮制陶中得到印证。

中国早期的制陶术

对于中国早期的制陶术，我们主要通过一些陶器的类型来对其进行了解。主要有以下几种。

（一）彩陶

仰韶文化半坡类型彩陶于 1953 年首次发现于陕西西安市半坡村，因而得名。主要分布于甘肃东部和陕西关中地区。

◀古代的彩陶及其内部材料

▼早期人类制作的陶俑

陶器以卷唇盆和圆底的盆、钵及小口细颈大腹壶、直口鼓腹尖底瓶为典型器物。据放射性碳同位素断代，年代为公元前4800～前4300年。其是将陶器烧好后描绘朱、黄、白、黑等彩色纹饰，色彩易脱落。制作方法分轮制和模制两种，以轮制居多。轮制的主要工具有转轮、木拍、竹刮、石球等。主要技艺流程包括舂土、筛土、拌沙、渗水、安装转盘、制坯、打坯、干燥、准备烧陶、烧陶等环节。

▲古人类用陶器煮食物

（二）黑陶

黑陶出现于新石器时代晚期的大汶口文化、龙山文化、屈家岭文化和良渚文化等遗址中。黑陶的烧成温度达1000度左右，黑陶有细泥、泥质和夹砂三种，其中以细泥薄壁的黑陶制作水平最高，有"黑如漆、薄如纸"的美称。这种黑陶的陶土经过淘洗，轮制，胎壁厚仅0.5～1毫米，再经打磨，烧成漆黑光亮的器皿，有"蛋壳陶"之称。黑陶是在器物烧成的最后一个阶段，从窑顶徐徐加水，使木炭熄灭，产生浓烟，有意让烟熏黑，而形成的黑色陶器。它是继彩陶之后，中国新石器时代制陶业出现的又一个高峰。

（三）白陶

白陶用高岭土烧制，质地洁白细腻。它起源于新石器时代，至商代因制作技术的提高，使原料的淘洗更加精细，烧制火度的掌握也恰到好处，因而使所烧器物愈加素净可爱。白陶的器形多为生活用品，有壶、卣、簋等。其纹饰主要吸取青铜器的装饰纹样，如兽面纹、饕餮纹、夔纹、云雷纹、曲折纹等。其装饰方法有刻纹和浅浮雕两种。

▼河姆渡时期彩陶

（四）印纹陶

印纹陶是在做好的陶坯上，趁未干时用印模将所需花纹在所定部位捺印上去后进行烧制。依其烧制温度的低高，又分为印纹软陶和印纹硬陶。前者又有泥质与细砂质之分，多呈红褐、灰白、灰等色，多流行于新石器时代晚期至商代以前；后者因烧制时温度较高，故胎质坚硬，呈灰色，系在软陶基础上，在新石器时代仰韶文化的鱼纹彩陶盆上发展起来的，其出现年代约在商代以后。制作方式为手制、模制和轮制。

▼唐三彩

中国远古时代的陶器

考古发现已经证明中国人早在新石器时代（公元前 8000～前 2000 年）就发明了制陶术，陶器的出现是中国新石器时代的主要特征之一。

中国已发现的最早的陶器是距今约 10000 年新石器时代早期的残陶片。河北省保定市徐水区南庄头遗址发现的陶器碎片经鉴定为距今 10800～9700 年的遗物。此外，在江西万年县、广西桂林甑皮岩、广东英德市青塘等地也发现了距今 10000～7000 年的陶器碎片。

1973 年在河北武安磁山首次发现而得名的磁山文化中的陶片，据放射性碳素测定，距今 7900 年以上。

1973 年首次发掘于浙江余姚河姆渡而命名的河姆渡文化出土了大量的陶器，据放射性碳素测定，距今 7000 年左右。河姆渡文化的陶器为黑陶，造型简单，早期盛行刻画花纹。

1921 年在河南渑池县仰韶村的新石器时代遗址，发现了大量做工精美、设计精巧的彩陶。据放射性碳素测定，有 6000 年以上的历史。

唐三彩

唐三彩是一种盛行于唐代的陶器，以黄、褐、绿为基本釉色，后来人们习惯地把这类陶器称为"唐三彩"。唐三彩是一种低温釉陶器，在色釉中加入不同的金属氧化物，经过焙烧，便形成浅黄、赭黄、浅绿、深绿、天蓝、褐红、茄紫等多种色彩，但多以黄、褐、绿三色为主。唐三彩的色釉有浓淡变化、互相浸润、斑驳淋漓的效果。在色彩的相互辉映中，显出堂皇富丽的艺术魅力。唐三彩用于随葬，作为明器，因为它的胎质松脆，防水性能差，实用性远不如当时已经出现的青瓷和白瓷。唐三彩器物形体圆润、饱满，与唐代艺术的丰满、健美、阔硕的特征是一致的。它的种类繁多，主要有人物、动物和日常生活用具。三彩人物和动物的比例适度，形态自然，线条流畅，生动活泼。在人物俑中，武士肌肉发达，怒目圆睁，剑拔弩张；女俑则高髻广袖，亭亭玉立，悠然娴雅，十分丰满。动物以马和骆驼为多。

晒盐促进分工发展

柴、米、油、盐、酱、醋、茶，是居家过日子的开门七件事。盐对于人们的生活不可或缺。通常盐是通过晒制来取得的。

▲在盐池中劳作的工人

晒盐的过程

晒盐需要在盐田中进行。盐田分成水区（大蒸发池）、小蒸发池、结晶池三大部分。水区分五段十格，小蒸发池分三段六格，结晶池分三段二十四格。盐工将约三度（波美浓度）的海水引入水区，靠蒸发的方式使浓度增加，再一段一段往前推，经五段后约为十度，以水车（即龙骨车，后来改为风车，现又改用抽水机）抽至小蒸发池继续蒸发。待小蒸发池里的水，浓度增进至二十五度时，导入结晶池让其结晶成盐。从引进海水至结晶成盐，其时长并非完全相同，需视天气而定，天气好速度快，天气不好则较慢。

晒盐促使工具改造

晒盐不同于其他的一些行业，从引进海水至结晶成盐这一整个晒盐过程的时长要

▼晒盐池

海水煮盐的由来

古籍记载，炎帝（一说神农氏）时的宿沙氏开创用海水煮盐，史称"宿沙作煮盐"。宿沙氏其人，只是一个传说中的人物，实际上用海水煮盐，应当是生活在海边的古代先民经过长期摸索和实践创造出来的。也许是宿沙氏将煮盐的方法提升推广，后人也就将采制海盐的发明权归到了他的头上。

▼晒盐的老人

视天气而定，甚至可以说是靠天吃饭。相对于不可控制的天气，人们更能掌握的是自己能够创造和改进的工具。因此，勤劳智慧的人们开始在工具上进行改造，以此来增加盐产量。起初，晒盐通常用的是人工烧制的陶片。后来，慢慢的有人发明了新工艺，将黑色的底膜铺在海边，再引海水在上边晒盐，由于黑膜具有较好的吸热性，可以提高盐的产量。我国北方地区一些海盐的产地，起初是用露天盐场来晒盐。这种露天盐场完全依赖气候，对天气的变化无可奈何。这种盐场的产盐量也会相对较低。在经过一系列的科技创新发展后，现在，北方盐区塑料薄膜苫盖结晶池已达 1.01 万公顷，占现有结晶面积的 47.79%。这是晒盐工具的另一个进步。

▼盐湖

晒盐促进其他产业的发展

烧碱和人工合成纯碱这两种工业是耗盐工业，需要大量的工业用盐。目前，生产 1 吨纯碱需要消耗 1.8 吨盐，近年来，这些需求随着经济的增长而增长，且增速超过 GDP 的两倍。因此，发展晒盐产业是促进这两个相关产业发展的有力保障。还有两个相关产业对盐的需求也很大，分别是高速路防冻除冰和水处理。我国目前还没有相关的应用。但是暴风雪通常会迫使中国北方的高速路关闭，在中国日益依赖高速路网的情况下，高速路防冰和除冰将变得必要，这将是盐类的使用量的一项巨大的需求。而盐业的发展，无疑会促进这两个相关产业的发展。

中国的盐业现状

在当前全球盐消耗量大约为 22.5 亿吨／年。其中化工行业消耗 60%。食用盐占 30%，防冻除冰用盐占 10%。在中国，化工行业消费了国内盐业供应的 87%，剩下的用作食盐。现在中国的盐业生产有三种方式：晒盐，把海水或者天然盐水在封闭蒸发塘中结晶得到的真空盐，来自内陆盐湖的地下矿物沉积盐和湖盐。据中国盐业协会统计，2006 年上半年中国的产盐量为 2.6 亿吨，主要包括：51.57% 晒盐、40.39% 真空盐和 8% 湖盐。目前，中国有大大小小超过 200 家的盐业企业。

海水晒盐的方式主要存在于中国北方，包括的省份（直辖市）有：辽宁、山东、河北、天津和江苏。真空盐生产主要集中于矿产和人口比较密集的省份，包括：四川、湖北、云南、江西和江苏。湖盐生产主要集中于内蒙古、青海和新疆。

▼天然的海盐滩

人类征服水域

地球上海洋的面积为36100万平方千米，占地表总面积的70.8%，海陆面积之比为2.5:1。但人类最初的活动仅限于陆地上，是船的发明让人类走出陆地，走向了广阔的海洋。从此人类可以一步步了解海洋，从而利用海洋来为人类造福。

▲古式木船

船只的起源

古人类一开始是生活在陆地上的，但是随着食物的匮乏，他们会不断迁徙，在迁徙的过程中就会遇到河流的阻塞。古人类看见树木或者竹子漂浮在水面，他们就利用原始的材料作为渡河的工具。随着生产的发展，渔业也不断发展起来，人类对深水活动的需求越来越大，他们便改良木头或竹子工具。这些工具成为早期船只的雏形，造船工艺由此慢慢发展起来。

隋唐宋的造船盛况

中国造船技术的最繁荣时期，是在公元581年隋朝立国至公元1279年南宋覆灭，历时约700年。这一时期在造船技艺上，已广泛应用了榫接钉合的木工艺和水密隔舱等先进工艺。在船形设计和船舶属具上也日趋完善。此时最能彰显造船技艺先进的就是隋炀帝下扬州的船队规模：隋炀帝所乘龙舟长20丈、高4.5丈，四层建筑。上层有正殿、东西朝堂；中间两层共分120房；下层为内侍住处。随行公卿、百官所乘的各种船舶数千艘。护卫士兵所乘各种船舶数千艘。舟船相继200余里。

据古文记载，唐代的主力战舰分为六种：一是楼船（旗舰）、二是蒙冲（装甲舰）、三是斗舰（战列舰）、四是走舸（快艇）、五是游艇（侦察艇）、六是海鹘（战舰）。其中前四种是沿用从前的兵船。

宋朝立国后，为早日攻克南唐统一江南，共修战船14种，约3550艘。

古代中国先进的航海技术

中国至少已经有了一万年以上的航行历史，在这漫长的过程中，中国人积累了很多有用的经验并加以总结提炼，从而发明了先进的航海技术。

（一）指南针的使用

指南针是我国的四大发明之一，大约在11世纪中叶，北宋末期，指南针开始被用于航海。指南针的应用原理是利用磁石摩擦，使钢针磁化而具有指极性。指南针的应用可以弥补人们观察天文星辰的缺陷，这样人们就可以全天候地进行航行活动。到南宋时期，指南针成为主要的导航仪器，至明代，指南针成为航行中必备的设备。

▲古船模型

（二）计算航程的方法

测量航速的方法大约在三国时期出现：一个人站在船首将一块木片投入海中，并从船首向船尾快行，看人与木块是否同时到达，并测量所用时间，把船的长度除以时间即可计算出船速。再乘以船舶航行的时日，来算出航程。测深技术在唐末出现，南宋时对测深技术的掌握已经较为熟练，测深达70余丈。测深所用设备不但可以测出海水深浅，还可以测出海底的情况，从而判断这一地点是否适合停船。

（三）船舵的应用

船舵大概在西汉时问世，宋代以后问世的平衡舵是一种性能优良的舵，它把一部分舵面面积分布在舵柱的前方，因而缩短了舵压中心与转轴间的距离，减少转舵力距，操纵更加轻便。后来又发展出了可升可降的升降舵，可以根据水的深浅随时调整舵的高低。

▼现代海港

轮船作为运输的工具

轮船最主要的一种用途无疑就是运输。没有轮船，在太平洋两岸集装箱的运输是不可想象的。没有轮船，大西洋两岸的石油和大型货物的运输也是难以想象的。轮船作为一种交通工具，提供给了我们穿越海洋的方式，使得大洋不再成为阻隔人类交流的障碍。海运有三个传统市场——集装箱班轮运输市场、油运市场、干散货市场，另外还有一个新兴市场正在成长，那就是邮轮市场。

2008 年世界海运贸易总量达到 82 亿吨。其中，大宗干散货，如铁矿石、谷物、煤炭、矾土、铝和磷酸盐，占到了总量的将近四分之一，增长率则为 4.7% 左右。截止到 2009 年初，全球商用货船的总载重吨数达 11.9 亿吨，增长了 6.7%。

▲现代巨轮

2010 年集装箱市场发展迅速，能源消费激增的新兴经济体的原油进口量增长较快，铁矿石海运量增长尤为突出，中国的铁矿石运输是世界海运市场的重要增长点。

2002 年以来，中国海运业经历了世界上少有的好时光，出现了很多大型轮船运输公司，同时也加剧了世界海运市场的竞争，中国将大力推进海运业实现新的突破。2011年前三个季度，中国规模以上港口完成货物吞吐量、外贸货物吞吐量、集装箱吞吐量分别为 67.5 亿吨、20.3 亿吨和 1.21 亿标箱，分别实现 13.4%、9.6%、12.4% 的增长。

轮船可以用来开采海洋中的资源

众所周知，海洋中蕴含有超乎人类想象的资源，海底有很多的石油和天然气资源。据 1979 年统计，世界近海海底已探明的石油可采储量为 220 亿吨，天然气储量为 17 万亿立方米，占当年世界石油和天然气探明总可采储量的 24% 和 23%。海底的锰结核总量约 3 万亿吨，其中太平洋底最多，约 1.7 万亿吨，含锰 4000 亿吨、镍 164 亿吨、铜88 亿吨、钴 58 亿吨。这些储量相当于目前陆地锰储量的 400 多倍，镍储量的 1000 多倍，铜储量的 88 倍，钴储量的 5000 多倍。

在轮船发明之前，这么丰富的资源都只能闲置在海洋中，是轮船的发明使得这些资源的开采成为现实。海底石油的生产过程一般分为勘探和开采两个阶段，勘探主要以地球物理勘探法和钻井勘探法为主，其任务是探明油气藏的构造、含油面积和储量。海底石油的开采过程包括钻生产井、采油气、集中、处理、贮存及输送等环节。这些所有的环节都离不开轮船的使用。因此，没有轮船，人类几乎不可能对海底的资源进行利用。

▼现代造船厂

人类步入另一个时代

青铜器主要指先秦时期用铜锡合金制作的器物，简称"铜器"。包括有炊器、食器、酒器、水器、乐器、车马饰、铜镜、带钩、兵器、工具和度量衡器等。流行于新石器时代晚期至秦汉时代，以商周器物最为精美。在人类历史上，青铜器的出现具有划时代的意义。

▲古代青铜尊

青铜器的历史

考古发掘表明，华夏的祖先早在新石器时代的晚期就已经掌握了冶铜的技术。一些文物为此提供了佐证：1973 年在陕西临潼姜寨的仰韶文化遗址中发现了一半圆形残黄铜片，距今已有六七千年的历史。1975 年在甘肃东林家马家窑类型遗址中发现了一件用范铸造的青铜刀，这是迄今为止发现的中国最早的一件青铜器物，距今有五千年左右的历史。这些是青铜器早期的一些发展，青铜器最为繁荣的时期是夏、商、周这三个朝代。大约在公元前 21 世纪至公元前 3 世纪，历时 1700 多年，这一时代被称为"青铜时代"。青铜器在这三个朝代最初出现的是小型工具或饰物。夏代开始有了青铜制的器皿和兵器。商代早期青铜器具有独特的造型。鼎、鬲等食器三足，必有一足与一耳成垂直线，在视觉上有不平衡感。商朝中期，青铜器品种极大的丰富，在青铜器上出现了铭文和精细的花纹。商晚期至西周早期，是青铜器发展的鼎盛时期，器型多种多样，浑厚凝重，铭文逐渐加长，花纹繁缛富丽。在这之后，青铜器开始追

▼名扬海内外的司母戊鼎

著名的青铜器

司母戊鼎是中国商代后期（约公元前 16 世纪至公元前 11 世纪）王室祭祀用的青铜方鼎，1939 年 3 月 19 日在河南安阳市武官村一家的农地中出土，因其腹部铸有"司母戊"三字而得名，现藏于中国国家博物馆。司母戊鼎器型高大厚重，又称司母戊大方鼎，高 133 厘米、口长 110 厘米、口宽 79 厘米、重 832.84 千克，鼎腹长方形，上竖两只直耳（发现时仅剩一耳，另一耳是后来复制补上），下有四根圆柱形鼎足，是中国目前已发现的最重的青铜器。该鼎是商王祖庚或祖甲为祭祀其母所铸。

四羊方尊，商朝晚期偏早的青铜器。它属于礼器，祭祀用品，是中国现存商代青铜器中最大的方尊，高 58.3 厘米，重近 34.5 千克，1938 年出土于湖南宁乡县黄村月山铺转耳仑的山腰上。现藏于中国国家博物馆。

求返璞归真，胎体开始变薄，纹饰逐渐简化。春秋晚期至战国，由于铁器的推广使用，铜制工具越来越少。秦汉时期，随着瓷器和漆器进入日常生活，铜制容器品种减少，装饰简单，多为素面，胎体也更为轻薄。这就是青铜器发展所经历的大致过程。

青铜器的用途

青铜器的造型精美，种类多样。在古代，青铜器是很重要的器物，青铜器的作用大概有以下三种。

（一）作为工艺美术品

青铜器最初就是作为欣赏之用。商朝的青铜器加工已达到很高的水平，商朝青铜器的装

▲精美的青铜酒器

潢和工艺十分精湛，栩栩如生，形象逼真，且形态各异。在器形和纹饰的构成上，运用对称、连续等富有装饰性的艺术手法。用变化多样的曲线、弧线，构成各种形象的浮雕、线刻。不论器形整体或纹饰部分，都显示出浑朴、庄重和精致、瑰丽的气质，同时也具有威严、神秘的气氛，反映了奴隶主阶级的阶级意识和审美观点。到了春秋战国时期，作为工艺美术品的青铜器发展进入了崭新的阶段。其设计简练，背景平滑，开槽与凹凸均有致，且出现了加盖的壶鼎，镶嵌的珠宝器物。青铜器上的雕饰和着色已呈现立体发展的趋势，实饰与虚饰相间，器物上出现了壶嘴和球体装饰物。

▼精美的青铜器

（二）作为容器

除了欣赏之用，青铜器也有着它本身应用的属性。在奴隶社会中，青铜器是奴隶主日常生活的用具。青铜器作为容器包括了以下几种。

1. 炊食器：炊器主要有鼎、鬲。鼎相当于现在的锅，煮或盛放鱼肉用，大多是圆腹、两耳、三足，也有四足的方鼎；鬲用来煮饭，一般为侈口、三空足。盛食器主要有簋、豆。簋相当于现在的大碗，盛饭用，一般为圆腹、侈口、圈足、有二耳；豆用来盛肉酱一类食物，上有盘，下有长握，有圈足，多有盖。

2. 酒器：盛酒器有尊、卣、壶。尊形似觚，中部较粗，口径较小，也有方形的；卣一般形状为椭圆口、深

腹、圈足，有盖和提梁，腹或圆或椭或方，也有作圆筒形、鸱鸮形或虎食人形；壶有圆形、方形、扁形和弧形等多种形状。

（三）作为礼器

青铜礼器是奴隶主贵族用于祭祀、宴飨、朝聘、征伐及丧葬等礼仪活动的用器，用以代表使用者的身份等级和权力，是立国传家的宝器。青铜礼器可分为以下四大类。

1．食器：鼎、鬲、簋、敦、豆等。其中，盛肉的鼎是最重要的礼器。西周中晚期形成列鼎制度，即用形状、花纹相同而大小依次递减的奇数的成组鼎来代表贵族的身份。据《春秋公羊传》何休注，天子用九鼎，诸侯用七鼎，卿大夫用五鼎，士用三鼎或一鼎。在考古中发现，奇数的列鼎往往与偶数的盛黍稷的簋配合使用，即九鼎与八簋相配、七鼎与六簋相配等。

2．酒器：包括饮酒器（爵、觯、觚）和盛酒器（尊、卣、壶、瓿等）。

3．水器：盘、匜等。主要用于行礼时盥手以表示虔敬。

4．乐器：铙、钟（包括甬钟、钮钟与镈）、鼓等。

青铜器预示着新的文明

青铜器的出现，在人类历史上具有伟大的意义。春秋战国时代是中国历史上一个伟大的变革时代，是中国由奴隶制社会向封建制社会的转型期。从文化的发展来看，春秋各国的兼并和大国的争霸促进了各民族、各地区文化的相互交流与融合，并出现了百家争鸣的辉煌景观。春秋战国时代的科学技术也取得了令人瞩目的成就，从而带动了青铜器的发展。这些青铜艺术品从一个侧面向人们展示了春秋战国时代在科学、文化艺术领域的新成就和造物文化的新风貌，预示着一个新文明时期的到来。春秋早期青铜器的形制与纹饰基本上承袭了西周晚期的特征，但是，随着社会的发展，青铜器也有了长足的进步。形制上由传统的礼器向着生活用器转化，纹饰也摆脱了商周时代阴森恐怖的风格，神秘的宗教色彩逐渐消失，取而代之的是轻松自由的新风格，大量出现以现实生活为题材，带有主体色彩的图像，并且出现了许多精美绝伦的青铜工艺品。青铜器无疑是人类文明史上的一颗璀璨的明珠。

▶莲鹤方壶模型

莲鹤方壶

莲鹤方壶是春秋战国时期铜器的一件代表作。此壶形体巨大，堪称壶中之王。通高118厘米，重64.28千克，于1923年于河南新郑市出土。此壶整体呈椭方形，器身满饰蟠螭龙纹，布局均衡对称。器耳为浮雕镂空的龙形怪兽，龙高冠，卷尾，头出器口，尾及器腹，动势撩人，呼之欲出。器腹四侧棱上各附有一上爬状的立体怪兽。壶底部由两条回首的长形小兽承托，轻盈、别致。壶顶有盖，盖体饰交体蟠虺纹，盖上都铸镂空莲瓣两层，盛开的莲瓣中亭亭玉立着一只仙鹤，展翅欲飞，引颈欲鸣。此壶盖的立鹤是铸立在一长方形平板上，板心铸有凸起的爪迹，是鸟与板原为联铸的痕迹。板在华盖中可分可合，不影响盖之倒置。此壶现藏于北京故宫博物院。

音律与乐器带来精神的享受

法国人类学家莱维·斯特劳斯曾经这样说过："如果我们能够解释音乐的话，就能找到一把通向所有人心灵的钥匙。"音乐是一种可以直达人心灵的艺术，音律与乐器可以给人类带来精神上的享受。这是因为音乐对人类的作用不只有心理作用，还有物理上的作用。

▲原始人在劳作中发现了音律

音乐的产生

美国心理学家斯卡特利在1986年曾做过一次有趣的实验：他请一位音乐家到动物园给动物演奏不同的音乐。结果发现蝎子听到音乐后便使劲地舞动双螯，并能随其曲调的起伏相应地改变兴奋程度；大蟒仰着脑袋随着音乐左右摇摆；黑熊屹立静听；狼则恐惧嗥啼。

可见，音乐可以引起普通动物的反应，对早期人类而言更是如此。早期人类在生产生活过程中因为工具或物体的碰撞，产生悦耳的声响，给他们带来兴奋的感觉，久而久之，他们就有意识地去敲击某些器物，使之产生一定的韵律，逐渐产生了真正意义上的音乐。

▼音乐是原始部落各项仪式上不可缺少的元素

音乐的心理作用

公元前 3 世纪，荀子的《乐论》就比较全面地论述了音乐与情感的关系。荀子指出："故乐行而志清，礼修而行成，耳目聪明，血气和平，移风易俗，天下皆宁，美善相乐。"他揭示了音乐对人的感知觉、性情气质、意志及审美理想的影响。古希腊时期的亚里士多德曾通过模仿解释了音乐如何影响人们的性格和意志。他说："音乐直接模仿，即表示'七情六欲'亦即灵魂所处的状态——温柔、愤怒、勇敢、克制及其对立面和其他特性。因此，人们聆听模仿某种感情音乐时，也就充满同样的感情。如果长期聆听具有浓厚悲伤感情的音乐，就会被塑造成情绪低下、萎靡不振的性格。反之，常听激昂、振奋色彩的音乐就会变成情绪高昂、性格开朗的人。"在日常

▲中国的古筝

生活中，我们也能切实感受到音乐对人们情绪的影响。节奏鲜明的音乐使人振奋；旋律优美的乐曲能使人们心旷神怡；轻松愉快、雄壮的进行曲会使人感到热血沸腾，产生勇往直前的力量。许多乐疗医学专家还注意到，不同的音调表现出不同的作用：E调安定，D调激烈，C调温和，B调哀怒，A调高亢，G调烦躁，F调低沉。亚里士多德认为C调最适合陶冶青年人的情绪和性格。国外有人曾选用290种名曲，先后对2万人进行测试，结果证明每种乐曲都能引起听者的情绪变化。其变化的程度与被试者的欣赏能力高低成正比。

音乐带给人精神上的享受

音乐，是情感的艺术。音乐形象通过音响作用于人的听觉，产生强烈的情感冲击力，使听众产生联想，进一步引发心灵的共鸣，这是音乐能够触动他人内心的原因。在所有的艺术形式中，音乐是最善于抒发情感、最能拨动人心弦的艺术形式。人们之所以喜欢并热爱音乐，是为了寻求快乐，享受音乐给他们带来的美感，宣泄个人的情愫，从而获得一种轻松、愉悦的心情。音乐是没有国界的，绝佳的旋律，不但会使不同肤色、性别和年龄的人平心静气，还能升华不同经历、感悟的人的精神境界。有时音乐甚至能使其他动物，莫名其妙地兴奋快乐起来。音乐真是无与伦比，因为它能在有声无息中，让人幸福地成长。音乐所带给人精神上的享受是美妙并且无可替代的。

▼现代交响乐

音乐的种类

音乐大体上分为以下几个种类。

（一）古典音乐：以西方音乐传统创造，常使用确定的格式（比如交响乐）且不用电子乐器演奏的音乐。古典音乐通常引人深思，并且历久弥新。

（二）流行音乐：指结构短小、内容通俗、形式活泼、情感真挚，并被广大群众所喜爱，广泛传唱或欣赏，流行一时的甚至流传后世的器乐曲和歌曲。

（三）蓝调音乐：是美国早期黑奴抒发心情时所吟唱的12小节曲式。演唱或演奏时大量蓝调音（Blue Notes）的应用，使得音乐充满了压抑和不和谐的感觉，这种音乐听起来十分忧郁(Blue)。

（四）摇滚乐：是一种简单、有力、直白，具有强烈的节奏的音乐，与青少年精力充沛、好动的特性相吻合。

（五）爵士乐：实质是美国的民间音乐。欧洲教堂音乐、美国黑人小提琴和班卓传统音乐融合非洲吟唱及美国黑人劳动号子形成了最初的"民间蓝调"，"拉格泰姆"和"民间蓝调"构成了早期的爵士乐。

（六）现代音乐：现代音乐是对20世纪初以来的各种音乐流派的总称。

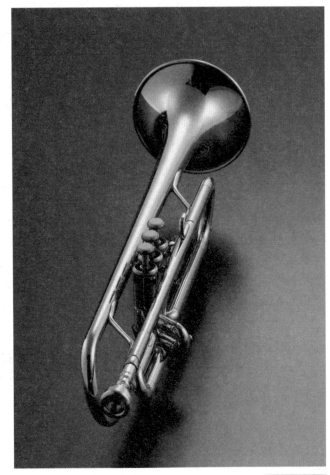

▲现代乐器

现代音乐介绍

现代音乐是对20世纪初以来的各种音乐流派的总称，它包括以下几种。

1. 印象主义：以法国音乐家德彪西和拉威尔、美国音乐家福斯特的作品为代表。如《牧神舞后》《月光》《老黑奴》《故乡的亲人》《苏珊娜》《水中倒影》等。

2. 奴隶音乐：以美国格什温、格罗菲为代表。包括摇滚乐、布鲁斯、迪斯科。如《蓝色狂想曲》《一个美国人在巴黎》《大峡谷组曲》等。

3. 现实主义：以前苏联音乐家肖斯塔科维奇的《第一交响曲》《第七交响曲》《森林之歌》等为代表。

4. 现代技法：以维也纳音乐家勋伯格的《华沙幸存者》为代表。

5. 电子音乐：以《冥王星》《地球颂》为代表。

6. 情调音乐：以法国克莱德曼的《阿第丽娜叙事曲》为代表。

数字带人类走进抽象世界

数字对人类有着重大的影响。在最初的时候，人类用来计数的工具是手指和脚趾，可是它们只能表示20以内的数字。当数目很多时，大部分的原始人开始用小石子来记数。逐渐，人们发明了打绳结来记数的方法，或者在兽皮、树木、石头上刻画记数。在中国古代用木、竹或骨头制成的小棍来记数，称为算筹。这些记数方法和记数符号慢慢转变成了最早的数字符号（数码）。如今，世界各国都以阿拉伯数字为标准数字。数学是数字的集中反映，数学具有数字的特征并且是数字特征的精华。数字带人类走进抽象的世界，数学可以说是这个过程中最直接的一个方法。

▲原始的计数工具

数学锻炼人类的抽象思维

学习数学最需要人类应用的就是抽象思维。抽象思维是人们在认识活动中运用概念、判断、推理等思维形式，对客观现实进行间接的、概括的反映的过程，属于理性认识阶段。抽象思维凭借科学的抽象概念对事物的本质和客观世界发展的深远过程进行反映，使人们通过认识活动获得远远超出靠感觉器官直接感知的知识。数学的基本特征是抽象性、逻辑性和系统性。数学的抽象性指数学抛弃了同它的研究对象无关的非本质因素，而汲取同研究对象有关的本质因素。因此学习数学让人类的抽象思维得到了很好的锻炼。

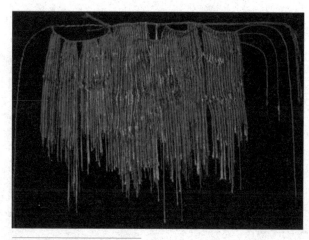

▲古阿拉伯人的计数工具

（一）在概念上锻炼人类的抽象思维

概念是同类事物的共同本质特征的反映，它是高度抽象的。在数学概念的理解上，首先要收集一定数量的现象进行根系比较，用具体的例证来帮助形成概念，抓住事物属性，从而能够最后归纳出数学概念。这整个的过程都是对人类抽象思维的考量和锻炼。

（二）在规则上锻炼人类的抽象思维

规则以言语命题（或句子）来

表达，它是公式、定律、法则、原理等的总称。规则是几个概念之间的关系，以命题的形式呈现。因此规则是一种更为抽象的事物。对于规则的理解则需要更多的抽象思维。当然在这个过程中人类的抽象思维可以得到更好的锻炼。通常对于规则的理解也是要借助于实例，对于实例进行分析，从而在实例中概括出一般抽象结论，对于规则有一个完整的理解。

▲古人最开始只能用图画来表示数量多少

（三）在解题过程中锻炼人类的抽象思维

解题的过程是一个综合的过程，它对于人类抽象思维的要求最高。首先它要求对于数学概念有着准确的理解，其次它要求对于数学规则有着正确的应用，再次它要求对于数学题整体内容可以有一个宏观把握，应用抽象思维来对这一切进行分析，这样才能最终给出答案。

▲阿拉伯数字

这整个过程中所要求的抽象思维的能力需要在日常生活学习中通过大量的实例来锻炼，从而形成这种抽象思维。

阿拉伯数字的起源

阿拉伯数字并不是阿拉伯人发明创造的，而是发源于古印度，后来被阿拉伯人掌握、改进，并传到了西方，西方人便称这些数字为阿拉伯数字。以后，以讹传讹，世界各地都认同了这个叫法。

阿拉伯数字是古代印度人在生产和实践中逐步创造出来的。

在古代印度，建设城市时需要设计和规划，祭祀时需要计算日月星辰的运行，于是，数学计算就产生了。大约在公元前3000年，印度河流域居民的数字就比较先进，而且采用了十进位的计算方法。到公元前3世纪，印度出现了整套的数字，但在各地区的写法并不完全一致，其中最有代表性的是婆罗门式：这一组数字在当时是比较常用的。它的特点是从"1"到"9"每个数都有专字。现代数字就是由这一组数字演化而来。在这一组数字中，还没有出现"0"（零）的符号。"0"这个数字是到了笈多王朝（公元320—550年）时期才出现的。在公元4世纪完成的数学著作《太阳手册》中，已使用"0"的符号，当时只是实心小圆点"."。后来，小圆点演化成为小圆圈"0"。这样，一套从"1"到"0"的数字就趋于完善了。这是古代印度人民对世界文化的巨大贡献。

数字抽象艺术

数字所代表的是一种抽象的思维，正是这种抽象的思维将人类带入了抽象的世界。而数字带人类所走进的，不仅仅是枯燥的数学、物理、化学等一些科学研究领域，还是人类生活的各个方面，包括艺术。抽象一词原义指人类对事物非本质因素的舍弃与对本质因素的抽取。抽象艺术指艺术形象较大程度偏离或完全抛弃自然对象外观的艺术。抽象艺术在20世纪中叶的欧洲和美国曾一度成为绘画的主流。至六七十年代，抽象艺术逐渐走向消退。到了现代科技迅猛发展的今天，媒介的变革已令抽象艺术衍生出一支强劲的新支。它有着非实体的、瞬间万变的、动态的特性，是计算机环境下抽象艺术的一种新型述说方式，这就是数字抽象艺术。

抽象艺术所要表达的，是艺术家对于世界、对于人类的理解和思想，而在数字抽象艺术的背后对其进行支撑的，则是另一种智慧——人工智能。相对于20世纪的抽象艺术而言，数字抽象艺术同样也创造了虚拟的世界，这个世界是一个数字技术可深入的新领域。数字化图像的基本概念是一种模拟信号，即将图像上的每个点的信息按规律进行模拟或数字转换。数字抽象艺术以直接的光影代替颜料以表现空间感，利用视觉仿真技术或分形技术将冥想中的空间和物体可视化，可根据计算声波的波形而转换成可视化图像，令听觉信号显形，还可把连续渐变的静态图像或图形序列，沿时间轴顺次更换显示，从而构成运动视感的媒体。数字抽象艺术通过技术的力量，把艺术创作变成与工业技术水平相同步的智慧游戏，把人们的抽象世界扩展到比以往任何时候都更宽阔深远的境地。

抽象艺术的两大分支

自1910年第一件抽象作品产生后，抽象艺术在西方迅速发展，衍生出许许多多的形式。属立体主义分支的如下。

1. 用光线粉碎物体实质，表现现代感觉和速度的未来主义（1909—1915）。

2. 用铁丝、玻璃及金属片等材料，以长、方、圆及直线组成非形象的构成主义（1913—1917）。

3. 不去观察对象，凭感觉和寻找所谓新的象征符号，去描绘直接感受的绝对主义（1915）。

4. 完全以三原色或黑白灰的直角形色块与直线构成画面的新造型主义（1917）。

5. 反对再现自然，又要从自然出发而进展到抽象的具体艺术（20世纪20年代）。

6. 以平涂的色带或色面构成愈发简单的、纯粹图形的抽象形式主义（20世纪50—70年代），如硬边艺术、色面艺术、最低限艺术等。

7. 用几何图形，通过人为的光色处理，造成视觉上差错的光效应艺术（20世纪60年代）等。

属野兽主义和表现主义的如下。

1. 以线条、痕迹和斑点为符号，反映作者潜意识中的自我感觉的抽象表现主义（20世纪40年代）。

2. 在大画布上，作家不自觉行动中，靠颜色无意识的泼洒滴流进行自我表白的行动画派（1945—1955）等。

▼数字在现代社会广泛使用

精致贝壳有了平等交换

在最初的远古时代，人类既没有货币，也没有货币的代替物。人们之间的交换一般都是物物交换，这种物物交换体现了原始人最朴素的物品价值观。但是随着生产力的提高，随着社会的发展，产品的数量越来越多，种类越来越丰富。物物交换越来越不能满足人类的需要，在这种情况下，人们迫切地需要寻找一种替代物来取代物物交换。在这种情况下，精致的贝壳走进了人们的视野。贝壳作为一种一般等价物出现在了人们的生活中，从此人们基本上告别了物物交换，精致的贝壳使得人们有了平等的交换方式。

▲天然贝币

贝壳作为货币的起源

中国古代货币体系经历了近三千年的发展与演变，可谓源远流长。在货币产生之前，物物交换是人们之间获得商品的主要途径。随着商品交换的发展，物物交换的过程太过死板，人们逐步发现市场上有某种商品，是大家都愿意接受的，这样这种商品就成了原始实物形态的一般等价物，即我们所说的实物货币。在古代，第一个作为实物货币出现的物品就是贝壳。贝壳、贝币可以说是我国使用时间最早而且延续时间最长的一种实物货币，直到明朝末期和清朝初期，云南少数民族地区还在沿用这种货币。贝壳成为货币的条件有以下几个：①本身有实用的功能（如其装饰品的用途）；②具有天然的单位；③坚固耐用；④便于携带。尤其是其具有天然的单位，在熔解金属技术尚不发达的古代，具有它独到的天然优势。古代人民使用贝币，

◀原始贝币与磨制工具

多用绳索将它们穿成一串，所以一串也成了一单位。贝币最早的货币单位为"朋"，即5枚成一串，两串为一朋。在我国的甲骨文中，贝朋两字常连在一起，贝字的意义，和现在的"财"字差不多。至今在中国的文字中，许多与货币意义有关的字，像古文中财、贵、贫、贱等等，都是以贝字作为偏旁。这也从另一个侧面反映出贝壳作为货币的这一属性。

贝壳作为货币的种类

在中国商朝，出现了最早的货币——贝壳。

商朝人使用的货币是贝类，有海贝、骨贝、石贝、玉贝和铜贝。铜贝的出现，说明商代已经有了金属铸造的货币。

（一）天然海贝

出现于公元前21世纪—前2世纪，海贝是生长于海洋沿岸的生物，天然海贝在中国新石器时代晚期就被当作货币用于商品交换，是中国最早的货币。由海贝串成的饰品，象征财富与地位。天然海贝主要使用于中原地区，后逐步被金属货币取代。在先秦时期贝同时具有币和饰的双重作用。在古代，印度洋、太平洋沿岸的印度、缅甸、孟加拉、泰国等国也都用海贝作为货币。

（二）人工贝类

出现于公元前16世纪—前2世纪商周时期，商品经济不断发展，货币的需求量不断增大，为弥补自然货币流通不足而仿制的玉贝、骨贝、陶贝、石贝等，被统称为人工贝类货币。它们形态大抵仿照自然海贝，其交换价值，约等于或稍低于天然海贝。

骨贝：公元前16世纪—前2世纪

玉贝：公元前16世纪—前2世纪

陶贝：公元前16世纪—前2世纪

铜贝：公元前11世纪

包金贝：公元前11世纪，商代中晚期，随着社会的发展，人类掌握了冶炼技术，于是便出现了金属贝类货币。形仿天然海贝。有金贝、银贝、铜贝等。用青铜浇铸的无文铜贝，是我国最早出现的金属铸币。

中国古代历代钱币特征

中国的货币不仅历史悠久而且种类繁多，形成了独具一格的货币文化。

（一）商代钱币

在中国的商代，已经开始以贝壳作为货币使用

▼早期的铜贝币

▲古代铜钱

了，随着商品经济的发展，天然的贝壳作为货币渐渐供不应求了，于是出现人工贝币，如石贝币、骨贝币、蚌贝币等。到了商代晚期，出现了用铜制的金属贝币。

（二）先秦钱币

到了春秋战国时期，文明已很先进的中原等地区，贝币则完全退出了历史舞台，各地区又因社会条件和文化差异形成了不同的货币。主要有：楚国地区的蚁鼻钱、黄河流域的布币、齐燕地区的刀币和三晋两周地区的环钱。

（三）秦汉钱币

秦灭六国后，废除各国的布币、刀币等旧币，将方孔半两钱作为法定货币，中国古货币的形态从此固定下来了，一直沿用到清末。

汉承秦制，并允许民间自铸。西汉的铜钱仍然是用其重量来命名的，但重量与名称渐渐地不符了。西汉的铜钱主要有三种：半两、三铢、五铢。

西汉末年，王莽摄政和新朝统治时期，托古改制，十余年间就进行了四次大的币制改革，王莽钱名目等级繁杂，其币制改革以失败告终。

东汉所铸的钱，都是五铢钱。

（四）三国魏晋南北朝钱币

三国魏晋南北朝时期金属货币的流通范围减小，且形制多样，币值不一，出现了重物轻币的现象。三国时期的曹魏实行的实物货币政策，魏明帝时恢复铸行五铢钱，形制与东汉时期五铢相似。蜀汉和东吴多实行大钱。蜀币主要有：直百五铢、直百等。吴币主要有：大泉五百、大泉当千、大泉二千等。西晋成立后主要沿用汉魏旧钱，兼用谷帛等实物；东晋成立之初则沿用吴国旧钱，后来出现了五铢小钱，相传是吴兴沈充所铸，所以又称"沈郎五铢"。十六国期间的成汉李寿铸行了中国最早的年号钱"汉兴"钱；南北朝时期的社会十分动荡，币值混乱，私铸现象严重。北朝从北魏开始，逐步向年号钱制过渡。

（五）隋唐五代十国钱币

隋朝的建立，使中国混乱的货币趋向于统一，隋文帝开皇三年铸行了一种合乎标准的五铢钱，并禁止旧钱的流通。唐武德四年行的午号钱——开元通宝，使以前的纪值纪重钱币一去不复返，代之的是宝文币制（主要是通宝、元宝和重宝）。开元通宝是唐朝三百年的主要铸币，另外还铸有乾封重宝、乾元重宝、大历元宝、建中通宝、咸通玄宝及史思明所铸顺天元宝、得壹元宝等。五代十国政治分裂割据，改朝换代像走马灯一样，各国以恶铸钱币来增强自身实力，以达到削弱他国力量的目的，故钱币甚多，但质量不高。

▲我国古代银票

（六）宋辽金西夏钱币

中国宋代铸币业从数量和质量上都超过了前代，是铸币业比较发达的时期，是继王莽钱之后的又一个高峰。宋朝货币以铜钱为主，南宋以铁钱为主。北宋以后的年号钱才真正开始盛行，几乎每改年号就铸新钱，钱文有多种书体。同时，白银的流通亦取得了重要的地位。在北宋年间出现了世界上最早的纸币——交子，其后陆续出现有别的纸币：会子和关子，且占的地位越来越重要。此外，对子钱、记监钱、记炉钱、记年钱亦应运而生。宋徽宗赵佶瘦金体御书钱堪称一绝。辽国是由契丹族建立的国家，起初使用中原地区的货币，后来自铸币，以汉文作为钱文，所铸的钱币多为不精。西夏曾铸行过两种文字货币，一种是西夏文，叫"屋驮钱"；一种是汉文钱，形制大小与宋钱相似。西夏的钱币铸制精整，文字秀丽。金国由女真族所建，曾统治过中国北方广大地区，其所铸钱币种类繁多，除用铜钱外，亦用纸币，均以汉文为币文。金国的钱币受南宋的影响较大。

（七）元明清钱币

元明清时期钱币和以前有所不同。在元代，纸币在流通中成了主要的货币，铜钱的地位减弱，与此同时白银的流通量占有很大的比例。元朝的统治者信奉佛教，因此铸行一些小型的供养钱、庙宇钱供寺观供佛之用。明代大力推行纸币——钞，明初只用钞不用钱，后来改为钱钞兼用，但明代只发行了一种纸币——大明宝钞。白银在明代成为了法定的流通货币，大额交易多用银，小额交易用钞或钱。明代共有十个皇帝铸过年号钱，因避讳皇帝朱元璋之"元"字，明代所有钱币统称"通宝"，忌用"元宝"。清朝主要以白银为主，小额交易往往用钱。清初铸钱沿袭两千多年以来的传统，采用模具制钱，后期则仿效国外，用机器制钱。清末，太平天国攻进南京后，亦铸铜钱，其钱币受宗教影响较大，称为"圣宝"。至此，封建社会中的钱币形式就全部都出现了。

现存的贝币

在太平洋某些岛屿和若干非洲民族当中，以一种贝壳作为货币流通着，叫作"加乌里"。它的流通范围很广，价值也相当高，例如用六百个"加乌里"便可以换到一整匹棉布。

文字是思维的符号

摩尔根的《古代社会》认为，文明"始于标音字母的发明和文字的使用"。恩格斯肯定了这一看法，并说野蛮时代的高级阶段"由于文字的发明及其应用于文献记录而过渡到文明时代"。由此可见，文字是文明的一项重要因素，也是人类由古到今先进文化的转折点。它是怎样由最原始的符号变为现在的汉字？它是怎样被人们发现的？有什么特征？

▲古楔形文字

人类早期文字

文字是语言的载体，而语言又是思维的载体，可以说文字是人与人之间交流信息的信号系统。这些符号要能灵活地书写由声音构成的语言，使信息送到远方，传到后代。

在远古时期，文字起源于图画。最初，人类只能用简单的图画来表达自己的思想，表示意义的图画要发展到跟语言相结合，能够完整地书写语言，这才成为语言的有效记录，即成熟的文字。许多民族都创造过原始文字，但是只有几个民族的文字发展到成熟程度。名副其实的文字有 3 种主要类型：词符与音节符并用的文字、音节文字和字母文字。这 3 种类型代表文字发展的 3 个阶段。从单个符号来看，文字有 3 种基本的表达方法：表形（象形）、表意（指事会意）和表音（假借、谐声）。

▼刻有早期文字的龟甲

体式是文字的外形。如埃及早期的文字大都是图形符号，主要用于碑铭，称为圣书体；中期由于用软笔在纸莎草上书写，体式变为草书笔画，主要用于书写经文，称为僧侣体；晚期笔画大为简化，主要用于写信和记账，称为大众体。

中国文字的起源

关于汉字的起源，《荀子》《吕氏春秋》等古书都说黄帝时仓颉造字。黄帝的年代约公元前 3000 年的前期。这一传说当然有待考古材料加以证明。

近年关于中国文字起源的探讨，主

▲刻有早期文字的兽骨

要和年代较早的陶器上面的符号有关。这种刻划符号发现已久。上世纪50年代，陕西西安半坡的发掘，发现了一大批仰韶文化陶器刻划符号，这在1963年出版的《西安半坡》报告中公布，很快就引起古文字学者的重视。

有刻划符号的仰韶文化陶器，都属于半坡类型，迄今已在渭水流域的陕西西安、长安、临潼、邠阳、铜川、宝鸡和甘肃秦安等不少地点发现。在这一地区早于半坡类型的文化的陶器上，也出现了刻划符号。半坡类型的陶器符号大多刻于器物烧成以前，器种绝大多数是陶钵。符号有固定位置，一般在钵口外面的黑色带缘上。符号有的简单，有的则相当复杂，接近文字，比如临潼姜寨的一个符号就很像甲骨文的"岳"字。

晚于仰韶文化半坡类型的多种文化，也都有类似的陶器符号，有的还是用毛笔一类的工具绘写的。在河南登封王城岗两处龙山文化晚期灰坑中出土的陶片，刻有异常复杂的符号，很像是文字。

1984年至1987年，人们在河南舞阳贾湖的发掘中发现了一版完整的龟腹甲和另外两个龟甲残片，上面都刻有符号，有的像甲骨文的"目"字，有的像甲骨文的"户"字。还有一件柄形石饰，也有刻画。墓葬的年代，据碳素测定不晚于公元前5500年。这项发现的意义，还有待进一步研究。

中国的甲骨文

甲骨文是刻在龟甲和兽骨上的文字，大多为商代所刻，内容多半为占卜之辞，因此又称为"甲骨卜辞"。这些文字因系刀刻之故，因此多作方形，而且方向正反不拘，笔画繁简亦未定。一方面充分显露了象形文字的特色，另一方面也显示出是未完全成熟的文字。虽然如此，甲骨文字仍然经过相当程度的简化，图画的意味已淡，大部分的结构系由横竖的线条组成，可以说是写上去，而不是画上去的。此外，甲骨文中已有大量的形声字，可见甲骨文虽未完全成熟，亦非草创时期的文字，若与西安半坡的陶文相较，已有两三千年的演进历史。

中国文字的特性

与世界上大多数的文字相较，中国文字最大的特性，乃在于它不是拼音文字，而是一种由图形演变而成的文字。除了具有一般文字的表音作用之外，它的特质是可以从字形上揣摩文字的意义，因此方言之间，只要意义相同，并不需要随着语音的不同而改变文字的形体。例如："江"在国语、闽南语和粤语中，语音都不同，

▼刻有文字的青铜器

如果是拼音文字，就必须有三个不同的字，但是，中国字只要共同写一个"江"字就可以了。这种文字特性，适应了中国幅员广阔的特点，因此尽管各种方言之间有极大的语音分歧，各地方的人却可以透过统一的文字互通声息，消除隔阂。这种文字特性，也超越了中国历史的漫长悠久，使得现今学者可以根据造字原则来辨识商代的甲骨文，并进而以甲骨文来证经述史。

由于中国文字具有单音独体、结构方正的特色，所以易于创造对仗工整的骈体诗文和宝塔诗、回文诗等文字游戏。再由于中国文字起源于图画，又保留了象形文字的特质，基本上已含有浓厚的艺术性，所以发展出体势妍巧、刚柔并蓄的书法及篆刻艺术。

▼刻有中国文字的石碑

中国文字的构造

关于中国文字的造字原则，汉朝的学者已开始整理、研究，而有所谓的六书之说。在各家说法中以东汉许慎在《说文解字》序中的解说最为详备，即指事、象形、形声、会意、转注、假借。在整部《说文解字》中，许慎便依以上这些原则对文字结构加以分析说明，供以后学者参考研究。《说文解字》一书对中国文字学贡献极大，是旧时中国非常重要的一部字书。

药材可以抵御死神

药物指能影响机体生理、生化和病理过程，用以预防、诊断、治疗疾病和计划生育的化学物质。药材是用来提炼药物的原物质。自古以来人们就知道通过服用药材或者药材所提炼的药物来治愈各种疾病，使人体的机能恢复正常，从而保持健康。

药材可以治愈普通疾病

人类生活在自然界中，天气、环境、食物或者水，这些对人类的健康都会有一定的影响。有的时候这些影响会让人类的身体机能发生变化，也就是生病。对于一些常见的普通病症，人们通过服用药材，可以让身体机能恢复正常。

例如生姜可以治疗感冒。感冒又称伤风、冒风，是风邪侵袭人体所致的常见外感病。临床表现以鼻塞、咳嗽、头痛、恶寒发热、全身不适为其特征。全年均可发病，尤以春季多见。由于感邪之不同，体质强弱不一，证候可表现为风寒、风热两大类，并有夹湿、夹暑的兼证，以及体虚感冒的差别。生姜中含有两种成分，一种是芳香性的成分，一种是辛辣的成分。芳香性的成分是挥发油，含量为25%～30%，其中主要成分是姜油萜、小茴香荫、樟脑荫、姜酚等。辛辣的成分，叫作辛辣素，是一种油脂状的液体，又叫作姜油酮，为结晶性姜酮和油液状姜烯酮的混合物，含量约1.5%。芳香性的挥发油，能促进血液循环，所以喝了生姜汤以后，觉得全身温暖，有预防和治疗感冒的功能。它的辛辣素能反射性地增加胃液分泌，不仅具有健胃的作用，而且有调整胃肠功能的作用。

发烧是细菌内毒素引起的，又叫热原。如各种病原体、细菌、细菌内毒素、病毒、抗原拟抗体复合物、渗出液中的"激活物"、某些类固醇、异种蛋白等，在体内产生致热原，称为内生性致热原。目前研究者认为这些致热原作用于血液中的中性粒细胞和大单核细胞，使其被激活而生成和释放出白细胞致热原，通过血液循环作用于体

▼金银花

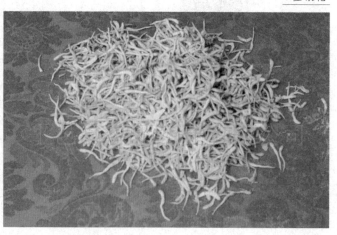

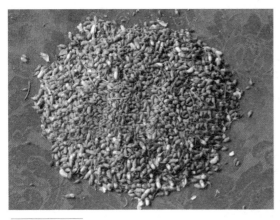
▲中药材槐米

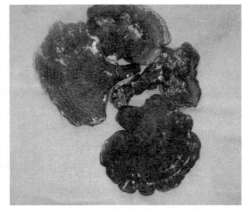
▲名贵中药材灵芝

温调节中枢而改变其功能状态，从而影响产热和散热过程，使产热增加，散热降低，引起体温上升，出现发热反应。发烧的严重程度，由体内热源的多少来控制。发烧的症状会引起人体脏器的衰竭，人体各器官需在正常体温下，才能正常运作，体温高或低，都会对脏器有影响，且产生病变。解热药的药理作用体现在下列三个环节：①干扰或阻止激活物的合成和释放，包括制止或减少激活物的产生或发挥作用；②妨碍或对抗激活物对体温调节中枢的作用；③阻断发热介质的合成。这些环节可让上升的调定点下降而退热。目前临床上采用的解热药包括化学解热药和类固醇解热药。

药材可以治愈疑难顽症

随着人类对药材的认识愈加深刻，对自然规律掌握得更多，疾病对于人类来说不再那么可怕和不可克服。

（一）肺结核

结核俗称"痨病"，是结核杆菌侵入体内引起的感染，是青年人容易发生的一种慢性和缓发的传染病。一年四季都可以发病，15 岁到 35 岁是结核病的高发峰年龄，潜伏期 4 ~ 8 周。其中 80% 发生在肺部，其他部位（颈淋巴、脑膜、腹膜、肠、皮肤、骨骼）也可继发感染。主要经呼吸道传播，传染源是接触排菌的肺结核患者。19 世纪，不知有多少人曾被这种无情的烈性传染病夺去生命。肺结核在 20 世纪 50 年代以前，曾经是人类健康的一大死敌，从 60 年代以后才得以控制，但仍没有绝迹。1882 年，德国科学家罗伯特·科赫宣布发现了结核杆菌，并将其分为人型、牛型、鸟型和鼠型，其中人型菌是人类结核病的主要病原体。肺结核就是

▼名贵中药材鹿茸

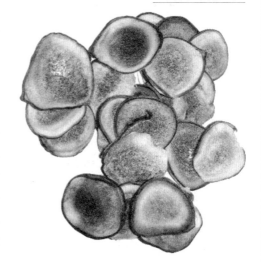

药物作用

药物作用指药物与机体相互作用产生的反应，即药物接触或进入机体后，促进体表与内部环境的生理生化功能改变，或抑制入侵的病原体，协助机体提高抗病能力，达到防治疾病的效果。

同时，药物亦受到机体的影响而发生变化。药物在体内的变化过程称为药物的代谢。因此，药物作用和药物代谢是药物与机体相互作用表现的两个方面。在体内，药物的作用变化逐渐加强，随后逐渐减弱以至消失，也就是机体对药物的影响表现各种变化，以至失去药物原有的作用并排出体外。

▲名贵中药材雪莲

主要由人型结核杆菌侵入肺脏后引起的一种具有强烈传染性的慢性消耗性疾病。常见临床表现为咳嗽、咯痰、咯血、胸痛、发热、乏力、食欲减退等局部及全身症状。肺结核90%以上是通过呼吸道传染的，病人通过咳嗽、打喷嚏、高声喧哗等使带菌液体喷出体外，健康人吸入后就会被感染。1945年，特效药链霉素的问世使肺结核不再是不治之症。此后，雷米封、利福平、乙胺丁醇等药物的相继合成，更令全球肺结核患者的人数大幅减少。在预防方面，主要以卡介苗（ＢＣＧ）接种和化学预防为主。其中1952年异烟肼的问世，使化学药物预防获得成功。异烟肼的杀菌力强，副作用少，且经济，所以便于服用，服用6～12个月，10年内可减少发病50%～60%。

（二）麻风病

麻风病是由麻风杆菌引起的一种慢性接触性传染病。主要侵犯人体皮肤和神经，如果不治疗可引起皮肤、神经、四肢和眼的进行性和永久性损害。麻风病的流行历史悠久，分布广泛，给流行区人民带来深重灾难。麻风病的病原菌是麻风杆菌，在光学显微镜下完整的杆菌为直棒状或稍有弯曲，长2～6微米，粗0.2～0.6微米，无鞭毛、芽孢或荚膜。离体后的麻风杆菌，在夏季日光照射2～3小时即丧失其繁殖力，在60℃处理一小时或紫外线照射两小时，可丧失其活力。一般用煮沸、高压蒸气、紫外线照射等处理即可将其杀死。

麻风病的传染方式主要是直接接触传染，其次是间接接触传染。

在最初的时候，麻风病是一种代表着死亡的疾病。人类认识不了这种病症，当然也就找不到合适的药物来治疗，直到人们发现了磺胺这种药物，才有了治愈麻风病的方法。麻风杆菌很难被杀死，需要同时服用几种药物。目前世界上仍然有1000万～1500万麻风病人，主要分布在非洲、亚洲和拉丁美洲的热带地区。

冶铁术让生产飞速发展

铁在自然界里分布极广，是地壳的重要组成元素之一。天然的纯铁在自然界几乎不存在，铁矿石的熔点较高，又不易还原，所以人类利用铁的时间较铜、锡、铅、金等晚些。人类最早发现和使用的铁，是天空中落下的陨铁。陨铁是铁和镍、钴等金属的混合物，含铁量较高。在埃及和西南亚的一些文明古国最早发现的铁器，都是由陨石加工而成的。

▲古代冶铁遗址

冶铁术的起源

（一）世界冶铁术的起源

西亚各地发现的铁器可以早到公元前 30 世纪中叶。公元前 12 世纪前后，地中海地区铁器的使用日益普遍。中亚多数地区在公元前 20 世纪末，或公元前 20 世纪与公元前 10 世纪之交开始了早期铁器时代。巴基斯坦的犍陀罗墓葬文化晚期进入了早期铁器时代，早期铁器时代又分早晚两个阶段，根据所测碳 14 数据，晚期阶段在公元前 14 至 13 世纪。印度的彩绘灰陶文化阶段铁器制作水平已很高，在这一文化面积很小的阿特兰基海勒遗址中发掘出铁制品 135 件，有家用器物、家具、其他手工业工具，用于战争或狩猎的武器。彩绘灰陶文化的年代早于公元前 11 世纪或更早。前苏联中亚地区的居民学会冶铁后，铁器也很快被使用于日常生活、狩猎与战争的所有领域。古花剌子模地区的阿米拉巴得文化进入早期铁器时代不晚于公元前 10 世纪。费尔干纳盆地一支较为发达的早期铁器时代文化是楚斯特文化，在这一文化的达尔弗尔津特佩遗址出土了早期炼铁的矿熔渣。楚斯特文化的年代在公元前 20 世纪与公元前 10 世纪之交。

（二）中国冶铁术的起源

河南三门峡上村岭虢国贵族墓地出土一件玉柄铁剑，经鉴定，该铁剑是目前中原地区发现的年代最早的人工冶铁制品，其年代相当于公元前 14 世纪前后。山西天马曲村的晋文化遗

◀古人开采的铁矿遗址

址中发现 3 件铁器，出自遗址第四层的一件铁器残片，时代为春秋早期偏晚，约为公元前 8 世纪；出自第三层的一件较为完整的铁条和一件铁片，时代定在春秋中期，约为公元前 7 世纪。这三件铁器经过金相学研究，两件残铁片，金相组织均显示的是铸铁的过共晶白口铁，是迄今为止中国最早的铸铁器，铁条则显示的是块炼铁。春秋时期中原铁器仍十分罕见，只在陕西凤翔、甘肃灵台、甘肃永昌、江苏六合、河南淅川、长沙杨家山、长沙识字岭、长沙龙洞坡、湖南常德、山东临淄发现过这一时期的铁器。进入战国时期，中原冶铁业发展迅速，铁已作为生产工具、武器等被广泛使用。近年来，在晋中、晋南和晋东南多处战国时代的大型平民墓地中出土了 700 多件铁器。在对全国二十多个省市（包括三晋地区）出土的约 4000 件铁器的研究中发现，三晋地区是出土公元前 3～5 世纪铁器最多的地区，这里成为战国时期中国冶铁的一个中心。

▼古代铁犁

▼村民发现了古代的冶铁遗址

冶铁促进生产工具的改革

恩格斯高度评价冶铁技术时说："铁已在为人类服务，它正是历史上起过革命作用的各种原料中最后的和最重要的一种原料。""铁使更大面积的农田耕作，开垦广阔的森林地区，成为可能；它给手工业工人提供了一种其坚固和锐利非石头或当时所知道的其他金属所能抵挡的工具。"所以冶铁技术的发明，标志着人类社会发展史上新阶段的来临。冶铁术极大地提高了生产力。社会生产力水平提高的标志是生产工具的改进。铁器坚硬、锋利，胜过木石和青铜工具。铁器作为工具来使用，显然比从前的木石和青铜工具有了质的飞跃和提高了。这也说明人类征服自然的能力提高，铁器时代的到来，标志着社会生产力的显著提高。

冶铁促进生产关系的变革

冶铁最初出现在原始社会，商代中期，中华民族的先祖们已经掌握了一定水平的锻铁技术。在春秋战国时期，黄河流域开始了由奴隶社会向封建社会的过渡。新的生产关系促进了生产力的发展，冶铁成了一项重要的新兴手工业，各诸侯国相继使用了铁制生产工具，把农业大大向前推进了一步。生产工具的发展无疑促进着生产关系的变革。随着生产关系的发展，封建制的新生产关系代替了奴隶制的旧生产关系。而这种大量的生产工具由石器、铜器改为铁器的改革，极大推动了社会生产力的发展。这是从奴隶社会进到封建社会的革命因素。

而冶铁术本身也在不断地经历着变革和发展。

在西南亚和欧洲等地区，直到14世纪炼出生铁之前，人们一直采用块炼法炼铁。冶炼块炼铁，一般是在平地或山麓挖穴为炉，装入高品位的铁矿石和木炭，点燃后，鼓风加热。当温度达到1000℃左右时，矿石中的氧化铁就会还原成金属铁，而脉石成为渣子。由于矿石中其他未还原的氧化物和杂质不能除去，只能趁热锻打挤出一部分或大部分，但仍然会有较多的大块夹杂物留在铁里。由于冶炼温度不高，化学反应较慢，加之取出固体产品需要扒炉，所以产量低，费工多，劳动强度也大。后来，人们为了提高产量，开始强化鼓风和加高炉身，炉子逐渐从地坑式向竖炉发展。炉身加高以后，炉内上升的煤气流与矿石接触的时间延长，能量利用率有了提高。鼓风强化则有两方面的效果：一方面使气体压力加大，穿透炉内料层的能力增强，因而允许增加炉身高度；另一方面是燃烧强度提高，直接提高了炉内温度。这些都促使产量提高。在农业文明时代，冶铁业的发展是生产力进步的明显标志，它有力地推动着社会的变革和进步。

▶汉代冶铁遗址

指南针指明了方向

在指南针出现以前，人们只能靠自然现象来辨别方向。例如，通过星辰、树木、太阳等。但是这些辨别方向的方法并不总是那么准确和容易把握。对于方向，人们还是不能够容易并准确地将它辨别出来。直到指南针的产生，才使得人们可以简单、精确地辨别出方向，不再迷路。

指南针的产生

指南针的前身是司南。司南是我国春秋战国时代发明的一种最早的指示南北方向的指南器。早在两千多年前的汉代（公元前206—公元220年），中国人就发现山上的一种石头具有吸铁的神奇特性，并发现一种长条的石头能指南北，他们管这种石头叫作磁石。古代的能工巧匠把磁石打磨凿雕成一个勺形，磁石的南极（S极）磨成长柄，放在青

▲古代指南针

▼古代司南

▲磁石——指南针的原材料

铜制成的光滑如镜的底盘上，再铸上方向性的刻纹。这个磁勺在底盘上停止转动时，勺柄指的方向就是正南，勺口指的方向就是正北，这就是我国祖先发明的世界上最早的指示方向的仪器，叫作司南。其中，"司"就是"指"的意思。司南产生后，我国劳动人民由于生产劳动，在长期的实践中经过多方的实验和研究，终于发明了实用的指南针。

指南针指方向的原理

指南针指方向主要是运用了磁。在自然界中，许多物质具有吸引铁、镍、钴等物质的属性，这叫作磁。磁体上磁性最强的部分称为磁极。可以在水平面内自由转动的条形磁条，在磁场的作用下静止时，方向大致指向南北。指北的一端称为北（N）极，指南的一端称为南（S）极。我们生存的地球是一个磁性天体，和任何磁体一样，它也有性质相反的两个磁极。其中一极接近地球的北极，叫北磁极，位于北美洲加拿大的布地亚半岛上，即西经96°45′48″及北纬70°5′17″的位置上。另一极接近于地球的南极，叫南磁极，位于南极洲的维多利亚地，即东经156°16′及南纬72°25′的位置上。地球的两极具有巨大吸引力的磁场，只要我们准备一根可以转动的磁针，磁针在地磁作用下，受到同性相斥、异性相引的自然法则制约，必然会自动停止在南北方向。这是人类能够应用指南针来指方向的基本原理。

▼现代指南针

指南针让人们在海上可以辨认方向

指南针被发明出来后很快就在各种实践中应

▲复原古代指南针的方位

用。它很快被应用到军事、生产、日常生活、地形测量等方面，特别是航海上。指南针在航海上的应用有一个逐渐发展的过程。成书年代略晚于《梦溪笔谈》的《萍洲可谈》中记有："舟师识地理，夜则观星，昼则观日，阴晦则观指南针。"这是世界航海史上最早使用指南针的记载。文中指出，当时人们只在日月星辰见不到的时候才会使用指南针，可见指南针刚开始使用时，人们使用得还不熟练。二十几年后，许兢的《宣和奉使高丽图经》也有类似的记载："惟视星斗前迈，若晦冥则用指南浮针，以揆南北。"到了元代，指南针成为海上指航的最重要的仪器，不论昼夜晴阴都用指南针导航了。而且人们还编制出使用罗盘导航，在不同航行地点指南针针位的连线图，叫作"针路"。船行到某处，采用何针位方向，一路航线都一一标识明白，作为航行的依据。中国使用指南针导航不久，就被阿拉伯海船采用，并经阿拉伯人把这一伟大发明传到欧洲。恩格斯在《自然辩证法》中指出，"磁针从阿拉伯人传至欧洲人手中在1180年左右"。1180年是我国南宋孝宗淳熙七年。中国人首先将指南针应用于航海比欧洲人至少早80年。在指南针用于航海之前，海上航行只能依据日月星辰来定位，一遇阴晦天气就束手无策。而用指南针导航后，无论天气阴晴，都可辨认航向。将指南针用于航海，是航海技术的重大变革，开创了人类航海的新纪元。人类从此可以全天候航行，获得了在茫茫大海上的航行自由。我国南宋和元代航行事业的高度发展，明代郑和下西洋的空前壮举，都是与用指南针导航分不开的。而且，正是由于有指南针导航，世界的航海事业才得以迅速发展。指南针在航海上的应用，是我国航海技术的卓越成就，也是对世界航海技术的重大贡献。

磁现象的发现

先秦时代我们的先人已经积累了许多关于磁的认识，在探寻铁矿时常会遇到磁铁矿，即磁石（主要成分是四氧化三铁）。这些发现很早就被记载下来。《管子》的数篇中最早记载了这些发现："山上有磁石者，其下有金铜。"其他古籍如《山海经》中也有类似的记载。磁石的吸铁特性很早就被人发现，《吕氏春秋》九卷精通篇就有："慈招铁，或引之也。"那时的人称"磁"为"慈"，他们把磁石吸引铁看作慈母对子女的吸引，并认为："石是铁的母亲，但石有慈和不慈两种，慈爱的石头能吸引它的子女，不慈的石头就不能吸引了。"据说秦始皇统一六国后，在咸阳附近修阿房宫，宫中有一座门是用磁石做成，如果有人身穿盔甲，暗藏兵器，入宫行刺，就会被磁石门吸住。这说明古代人很早就掌握了磁学知识。

印刷术让文明飞速传播

    印刷术是我国四大发明之一，也是中国人引以为傲的发明之一。印刷术开始于隋朝的雕版印刷，经宋仁宗时的毕升发展、完善，产生了活字印刷。所以后人称毕升为印刷术的始祖。中国的印刷术是人类近代文明的先导，为知识的广泛传播、交流创造了条件。印刷术先后传到朝鲜、日本、中亚、西亚和欧洲。

◀毕升像

印刷术使得文明可以保存

    人类积存有用的知识，大约有近万年的历史。文字的产生，曾使得知识的存留和传播跃进了一大步。印刷术的发明和应用，各类印刷品的大量涌现，使有用的知识不胫而走，珍贵的典籍千载流传，使人类文化有了长足的进步。到了近代，社会生产力的发展和科技的进步，促成了印刷技术的突飞猛进，印刷的发展又推动了教育的普及和知识的传播，从而使人类文明进入了一个崭新的时代。

印刷术使得文明迅速传播

    印刷术发明之前，文化的传播主要靠手抄的书籍。手抄费时、费事，又容易抄错、抄漏，既阻碍了文化的发展，又给文化的传播带来不应有的损失。印章和石刻给印刷术提供了直接的经验性的启示，用纸在石碑上墨拓的方法，直接为雕版印刷指明了方向。

    中国的印刷术经过雕版印刷和活字印刷两个阶段的发展，已经有了重大的突破。此时的印刷术方便灵活，省时省力。书籍的传播不再是一件困难的事情，并且有效避免抄错、抄漏，极大地促进了文明的迅速传播。

◀古代印刷工具

活字印刷

自从汉朝发明纸以后，书写材料比起过去用的甲骨、简牍、金石和缣帛要轻便、经济多了，但是抄写书籍还是非常费工的，远远不能适应社会的需要。至迟到东汉末年的熹平年间（公元172—178年），出现了摹印和拓印石碑的方法。大约在公元600

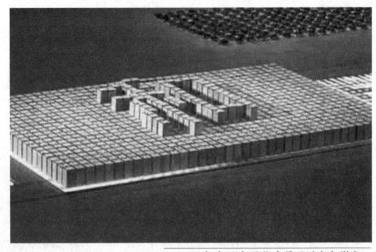

▲ 2008 年奥运会开幕式展示活字印刷术

年的隋朝，人们从刻印章中得到启发，在人类历史上最早发明了雕版印刷术。到了宋朝，雕版印刷事业发展到全盛时期。雕版印刷对文化的传播起了重大作用，但是也存在明显缺点。第一，刻版费时费工费料；第二，大批书版存放不便；第三，有错字不容易更正。

北宋人毕昇发明了活字印刷术，克服了雕版印刷的这些缺点。毕昇总结了历代雕版印刷的丰富的实践经验，经过反复试验，在宋仁宗庆历年间（公元1041—1048）制成了胶泥活字，实行排版印刷，完成了印刷史上一项重大的革命。毕昇的方法是这样的：

▼考古发现的青铜活字印刷实物

用胶泥做成一个个规格一致的毛坯，在一端刻上反体单字，字画突起的高度像铜钱边缘的厚度一样，用火烧硬，成为单个的胶泥活字。为了适应排版的需要，一般常用字都备有几个甚至几十个，以备同一版内重复的时候使用。遇到不常用的冷僻字，如果事前没有准备，可以随制随用。为便于拣字，把胶泥活字按韵分类放在木格子里，贴上纸条标明。排字的时候，用一块带框的铁板作底托，上面敷一层用松脂、蜡和纸灰混合制成的药剂，然后把需要的胶泥活字拣出来一个个排进框内。排满一框就成为一版，再用火烘烤，等药剂稍微熔化，用一块平板把字面压平，药剂冷却凝固后，就成为版型。印刷的时候，只要在版型上刷上墨，覆上纸，加一定的压力就行了。为了可以连续印刷，就用两块铁板，一版加刷，另一版排字，两版交替使用。印完以后，用火把药剂烤化，用手轻轻一抖，活字就可以从铁板上脱落下来，再按韵放回原来木格里，以备下次再用。

毕昇发明活字印刷，提高了印刷的效率。但是，他的发明并未受到当时统治者和社会的重视，他死后，活字印刷术仍然没有得到推广。他创造的胶泥活字也没有保留下来。但是他发明的活字印刷技术流传了下来。

汉字激光照排系统

激光照排技术，是将文字通过计算机分解为点阵，然后控制激光在感光底片上扫描，用曝光点的点阵组成文字和图像。通俗一点来讲，就是电子排版系统的简称。汉字激光照排系统被称为汉字印刷术的第二次发明，可见它对于中国印刷史的革命性的创新作用。

▼用来电子排版的电脑

▲现代印刷设备

传统的活字印刷主要有三个步骤：制活字、排版和印刷，直到现在书报生产依然是这样一个程序。众所周知，汉字字数极多，排列复杂，排出来的排字架占地广大，拣字也要耗费很多时间。因此汉字排字一直是印刷术中一个难题。从20世纪以来，各国都在迅速地摆脱传统的活字排字方式，而向照相排字方式发展。近年来出现了电脑排版技术，但由于汉字本身的复杂度要比西方文字高得多，所以这一技术未能在我国推广。长期以来，我国印刷行业始终难以摆脱手工拣字排版的落后状况。

　　1975年5月，北京大学开始研制中国人自己的照排系统，由王选教授等主持这项工作。1979年7月27日，在北大汉字信息处理技术研究室的计算机房里，北京大学的科研人员研制出了自己的照排系统，在极短的时间内，一次成版地输出一张由各种大小字体组成、版面布局复杂的八开报纸样纸，报头是"汉字信息处理"六个大字。这是中国首次用激光照排机输出的中文报纸版面。这项成果，为世界上最浩繁的文字——汉字告别铅字印刷开辟了通畅大道，对实现中国新闻出版印刷领域的现代化具有重大意义。它引起当代世界印刷界的惊叹，被誉为中国印刷技术的再次革命。

　　随着研究的继续，技术的提高，激光照排系统日趋完善，1988年推出的激光照排系统，既有整批处理排版规范美观的优点，又有方便易学的长处，是国内目前唯一的具有国产化软、硬件的印刷设备，也是当今世界汉字印刷激光照排的领先设备，在国内和世界上汉字印刷领域的地位不可小觑。1990年全国省级以上的报纸和部分书刊已基本采用这一照排系统。中国的铅字印刷已经成为历史文物，成为承载一段历史的纪念。

交通工具让距离"变短"

在人类产生的最初，工具的使用并不是那么的普遍，而交通工具就更是天方夜谭。后来慢慢随着人类的进步，随着社会的发展，人类开始发明了交通工具。这使得人类原本基本靠双腿走路的状况得到了极大的改善，使得人类之间的距离，不再成为交流的阻碍。

交通工具促进了人类之间的交流

狭义上的交通工具指一切人造的用于人类代步或运输的装置。一些常见的交通工具有自行车、汽车、摩托车、火车、船只及飞行器等。交通工具中也包括马车、牛车等动物驱动的移动设备，从这种意义上来说，黄包车、轿子等不太常见但具有这一功能的也可以算是交通工具。在交通工具产生之前，人们主要是靠步行来相互走访和联系。由于步行的缓慢和极大的限制性，使得那时候的科技、政治、经济等等都很不发达，因为相对距离较远的两地根本无法很好地交流，人们不能相互沟通融合，当然发展也变得非常缓慢。

在接下来的时代中，人们的智力水平有了显著提高，人们发明了马车等畜力交通工具，这是交通工具史的一个巨大的飞跃，这极大地促进了部落间、朝野间的交流，形成小范围内的良性循环。在陆路交通工具发展之后不久，水上的交通工具也逐渐成形，发展出了船，将人们的活动范围从陆路拓展到水路。

▼轮子的发明是交通史上的里程碑事件

▲乡间牛车

随着人类和社会的发展进步，航空事业有了突破。人类不再只能羡慕鸟儿在天空飞翔。莱特兄弟在1903年制造出了第一架依靠自身动力进行载人飞行的飞机"飞行者"1号，并且获得试飞成功。这是人类在航空事业发展的历史上取得的巨大成功。这使得人类之间的距离更进一步地"缩短"。各大洲之间的距离不再是难以逾越的天堑。人类可以更进一步地交流。

交通工具的发展使得人类的交流可以不断升级，最终形成今天的"地球村"。

交通工具的发展历史

最原始的交通工具是人的双脚。那个时候人类不懂得使用工具。然后人类开始学习驯服一些动物，如马、驴子等作为乘坐工具或乘坐工具的动力，比如用作马车。中国古代的轿子和以风作为动力的帆船作为交通工具，与畜力交通工具长期共同存在，为人们使用。纵观人类交通工具发展史，以人力、畜力和风力作为动力的交通工具占据了人类历史的绝大部分时间。人类的交通工具一直发展缓慢，直至蒸汽机的出现，人类交通工具的发展才进入了快速发展阶段，在几个世纪的时间里，人类的足迹不仅能到达天空，如乘坐飞机、航天飞机、火箭等，而且能到达海洋，如乘坐潜艇等。

现代交通工具的发展大致可分为四个阶段：蒸汽阶段、内燃阶段、电气阶段和自动化阶段。

蒸汽阶段大致指英国产业革命时期，代表性的交通工具为蒸汽火车、蒸汽轮船等，现在在世界上已经没有应用。在中国，蒸汽火车于2005年10月正式退出历史舞台。

▼蒸汽机车

汽车发展的四座里程碑

第一辆汽油发动机汽车

1885 年，德国工程师卡尔·本茨研制成一辆装有 0.85 马力汽油机的三轮车。德国另一位工程师哥德利布·戴姆勒也同时研制出一辆用 1.1 马力汽油发动机作动力的四轮汽车。

第一辆划时代汽车

大众甲壳虫的成功是众所周知的：它打破了福特 T 型汽车的产量纪录。目前，大众汽车公司又推出新甲壳虫，引起了人们的极大兴趣。它的优点是结实耐用，不讲究豪华，而且价格大众化。

第一辆微型汽车

1959 年面世的"迷你 (Mini)"轿车引发了汽车技术的一场革命。这种小型车在取得观念突破的同时，还屡次在汽车赛中取得冠军。多年后的今天，这款车仍然流行，几乎所有公司都模仿了"迷你车"的设计，使之成为最家庭化的轿车。

内燃阶段的代表性机器为柴油机和汽油机等，代表性的交通工具为汽车、摩托车、拖拉机等。现在大部分的机动车辆的动力都是内燃机。能量转化定律是蒸汽阶段和内燃阶段的理论基础。

电气阶段和自动化阶段基本上没有一个具体的界线。电气阶段和自动化阶段的代表性交通工具为电动机、发电机等。电磁感应定律，电与磁之间的相互转化是电动车发展的理论基础。电动车的发明及迅速的商品化使得电动车处在了汽车、摩托车等现有交通工具的基础上，拥有无与伦比的历史使命。相信随着电动车的发展，它最终会成为汽车、摩托车的升级换代产品。

▼福特发明的 T 型车

▶早期的汽车

汽车的诞生

1769 年，世界上最早的一辆以蒸汽为动力的"汽车"出现在法国。当时时速只有 5 公里，而且每过 15 分钟就得停下来冷却。后来，瓦特对蒸汽机的成功改进和伏特发明了电池，促进了实用型蒸汽汽车和电动汽车在 19 世纪初的出现。1802 年，英国人理查德·特利韦切克又制造出了一种时速为 10 公里的蒸汽汽车。接着，各种各样的蒸汽汽车不断被制造出来。

真正意义上的现代汽车发明者是德国的戈特利布·戴姆勒和卡尔·本茨。戴姆勒为了给各种交通工具提供动力，设计了一种快速运转的发动机，并运用了新的热管燃烧装置。燃料由传统的煤气燃料改为液体燃料（汽油）。与此同时，本茨也制成了四冲程内燃发动机，不同的是，他运用电子打火装置，利用火花塞使发动机获得了令人惊叹的速度。

1886 年 7 月，本茨首次试开他的三轮汽车。车子由金属管构架，漂亮又轻巧。它是世界上第一辆真正的汽车。此后，汽车制造作为一种工业，迅速在欧洲和美洲国家兴起。1892 年，杜利亚兄弟制造出了美国最早的汽油汽车。1903 年，美国制造出后来以横穿美洲大陆而闻名的帕卡特汽车。美国通用汽车公司于 1905 年制造出凯迪拉克牌汽车。设计者将发动机装在座椅下，使汽车像自行车那样靠链条传动后轮。1907 年，意大利生产出了以车速快而著称的菲亚特汽车。1907 年，英国制造出了噪音小、故障率低的劳斯莱斯汽车。从此，汽车作为一种崭新的交通工具走进了人们的生活。如今汽车已经走进了千家万户，而且目前已经研制出了时速可达 400 公里的跑车。

交通工具未来的发展方向

如今的交通工具与最初产生时相比，早已天翻地覆。但是，交通工具依然随着人类社会的发展在不断地发展，不断地适应和满足人类的需求。

人类社会愈来愈成为一个高速发展的社会，在这样的大趋势下，交通工具必然也同样需要提高速度。提升交通工具的速度主要有以下两方面。

（一）增加动力：通过改进交通工具发动机，提升其输出功率，以获得更大的牵引力，得到更高的加速度和克服高速运动下的阻力。实际上，现在的发动机技术用以满足提高速度的要求显得绰绰有余，因此在不考虑适用性等其他因素的情况下，单纯通过提高动力来提高速度，思路直接，效果明显。但是，增加动力也有其弊端，就是燃料消耗随之增加，尽管新技术的不断涌现使得现在的发动机效率越来越高，但发动机效率的提高终究是有极限的。因此，尽管单纯地通过提高发动机动力来提高速度从技术上来讲应该不是难事，但是随之带来的经济性问题却使人们在速度和效益之间必须做出适当的取舍。

（二）降低阻力：另外一种可以提高速度的方式就是降低阻力。降低阻力通常可以采用以下几种模式。

1. 采用流线造型：流线造型的交通工具可以尽量减小运行中的空气阻力，这也是近年来的汽车、火车不约而同地摒弃传统的方头方脑的造型，纷纷选择流线型车身的原因。

◀▲ 现代汽车产业

2. 使用新型材料：新材料可以减轻交通工具的自重，一方面可以减小运行过程中的阻力，另一方面可以减小交通工具加速所需的牵引力和制动所需的制动力，从而达到提高速度，减少燃料损耗的目的。

3. 减少摩擦阻力：摩擦阻力是消耗交通工具燃料的一个重要部分。如果能够将摩擦阻力减到最小，必然可以提升交通工具的速度。这就是磁悬浮列车产生的基本原理。

◀ 具有地方特色的交通工具——羊皮筏

火药告别了冷兵器时代

▲我国民间的火药罐

古代中国的"四大发明",是许多中国人的骄傲。火药发明后,国人既用于爆竹驱鬼,也用于兵器战争,中国火药的发明推进了世界历史的进程。那么火药是什么时候发明的呢?它是如何传播到西方国家的呢?它又如何改变了冷兵器时代呢?

火药的发明

火药的发明者至今还没有人知道,但多数学者认为火药不是历史上个别人物的发明,它起源于中国古代的炼丹术。在火药发明的过程中,炼丹家的作用特别重要。隋末唐初的医学家、炼丹家孙思邈(581—682),史称药王。选录入《诸家神品丹法》的《孙真人丹经》,相传是孙思邈所撰,记载有多种"伏火"之法。这类"伏火"之法,虽然炼丹家的原意是为了使硫磺改性,避免燃烧爆炸,以达到炼丹的目的;但同时使他们认识到,硝、硫磺和木炭的混合物能够燃烧爆炸,由此诞生了中国古代四大发明之一的火药。中国学术界认为火药的发明应该不迟于公元 808 年。唐朝炼丹家清虚子撰写的《太上圣祖金丹秘诀》有"伏火矾法"一说,这是世界上关于火药的最早的文字记载,该书写于公元 808 年。

火药的民间应用

火药最初并非在军事上使用。三国时有个聪明的技师马钧,用纸包火药的方法做出了娱乐用的"爆仗",开创了火药应用的先河。在宋代诸军马戏的杂技演出"抱锣""硬鬼""哑艺剧"等杂技节目,都运用刚刚兴起的火药制品——爆仗和吐火等,以制造神秘气氛。同时宋人也用火药进行幻术表演,来达到离奇的效果。

▲早期火炮

火药的军事应用

火药兵器被应用到战场上，预示着军事史上一系列变革将随之发生。兵器从冷兵器阶段向使用火器阶段过渡。冷兵器出现于人类社会发展的早期，由耕作、狩猎等劳动工具演变而成，按材质可

▲现代炸药

分为石、骨、蚌、竹、木、皮革、青铜、钢铁等种类。随着战争及生产水平的发展，冷兵器经历了由低级到高级，由单一到多样，由庞杂到统一的发展完善过程。冷兵器的性能，基本都是以近战杀伤为主，在冷兵器时代，兵器只有量的提高，没有质的突变。自从火药被应用到军事上后，它就将冷兵器时代改写了。

火药开始应用到军事上是在唐朝末年。在火药发明之前，古代军事家常用火攻这一战术克敌制胜。在火攻中常使用"火箭"，即在箭头上附着易燃的油脂、松香、硫磺等，点燃后射向敌方。但由于这种燃烧火力小，容易扑灭，所以火药出现后，人们就用火药代替上述易燃物，制成的火箭燃烧就猛烈多了。之后人们还利用抛射石头的抛石机，把火药包点着以后，抛射出去，烧伤敌人，这是最原始的火炮。据宋代路振的《九国志》记载，唐哀帝时，郑王番率军攻打豫章（今江西南昌），"发机飞火"，烧毁该城的龙沙门。这可能是有关用火药攻城的最早记载，主要利用火药的燃烧性能，是火药应用于武器的最初形式。

▼古代的火药武器

北宋初期官修的《武经总要》中记录了早期的火药兵器，这些兵器还没有脱离传统火攻中纵火兵器的范畴。北宋时用于击退金兵的所谓"霹雳炮""震天雷"等，就是以铁壳作为外壳，由于铁的强度比纸、布、皮大得多，点燃后能使炮内的气体压力增大到一定程度再爆炸，所以威力强，杀伤力大。随着火药和火药武器的发展，人们对火药的应用逐步过渡到利用火药的爆炸性能，这标

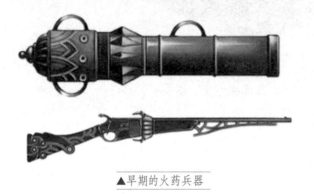

▲早期的火药兵器

志着火药使用的成熟阶段的到来。

到了南宋，出现了管形火器，叫突火枪，从而有了新的突破。它以巨竹为筒，内装有原始的子弹，是世界上最原始的枪炮，它的发明，大大提高了火器发射的准确率。据《宋史·兵记》记载：公元970年兵部令史冯继升进火箭法，这种方法是在箭杆的前端缚火药筒，点燃后利用火药燃烧向后喷出的气体的反作用力把箭镞射出，这是世界上最早的喷射火器。在与宋的作战过程中，金人和蒙古人也相继学会了火器的使用和制作。这对蒙古铁骑几乎打下整个欧亚大陆有着巨大贡献。元朝初年，出现了用铜或铁制成的大型管形火器，统称为"火铳"，里面装有铁弹丸，铳尾有火眼，用以点放，已具备了近代火炮的基本构造。在元朝时，蒙古大军掌握的冷热兵器混用战法，将其应用于对日本的登陆作战中。

诺贝尔与炸药

1833年10月21日，阿尔弗雷德·伯纳德·诺贝尔出生于瑞典首都斯德哥尔摩。1840年他父亲伊曼纽尔·诺贝尔到俄罗斯的圣彼得堡创业，从事水雷生产工作，1842年，老诺贝尔接来其妻儿老小一起生活，并为三个儿子聘请家庭教师。家庭教师齐宁是当时俄国最著名的化学家，对三个学生的影响也较大。后来诺贝尔家拥有一家大型机械工厂。老诺贝尔还发明了家庭取暖的锅炉系统，设计了一种制造木轮的机器，设计制造了大锻锤。老诺贝尔的这些成就，使小诺贝尔对科学发明创造着迷，并将父亲像英雄般地崇敬。

诺贝尔在年轻时赴法国与

▼新炸药使现代武器更具威力

美国留学，并了解欧洲和美国在机械、化工方面的状况及其进展。在留学期间，他接触了硝化甘油炸药的制造技术，经过几年的悉心研究，反复实验，1862年，他成功地研究出用"温热法"制造硝化甘油炸药的安全生产方法，并实现了比较安全地成批生产。他的这个"温热法"使得硝化甘油炸药成本大幅降低，第一次的发明使他陶醉，让他兴奋万分。

▲炸药产生的大火

1863年，诺贝尔全家返回瑞典，在研制炸药时因发生意外爆炸事故，炸毁了工厂，炸死了他弟弟，政府因安全问题还禁止他们再进行试验。无奈之下父子俩把实验室设到了斯德哥尔摩市郊外马拉湖的一条驳船上。经过近三年的奋斗，1866年诺贝尔用硅藻土吸收硝化甘油，发明了达纳炸药，也就是俗称的黄色火药。同年秋天，雷酸汞爆炸试验成功了，也就是今天用途广泛的雷管，雷管的发明是诺贝尔对人类的重大贡献。很快，他又制造出固体状态的安全、猛烈的炸药"达那马特"，以后这一产品成为诺贝尔旗下的国际性工业集团的主要产品。1867年他又发明了安全的雷管引爆装置。

诺贝尔奖

1896年11月28日，诺贝尔先生跌倒在其书房内，12月10日凌晨2时，因脑溢血与世长辞，终年63岁。他留下了一份遗嘱，这份遗嘱最后述说了他对全人类的赤诚之心。他将他的大部分财产设为一个基金，其利息作为奖金，奖励今后为人类的进步作出卓越贡献的科学家。他认为奖金主要授予在基础学科研究方面有重大发现的教授或实验室专家，那是因为基础学科研究的不断深入，能进一步加深人类对世界的构成、对宇宙与生命的认识，能促进人类的进步。诺贝尔先生也承认重大的技术发明能直接造福人类，可技术拥有者通过技术的推广或制造的产品能获得巨大的经济效益，而基础学科研究不一样，这是一项长时间的艰苦卓绝的工作，必须有奉献精神。因此，他认为较为理想的诺贝尔奖金额，应能保证一位教授20年不拿薪水仍能继续进行研究工作。

1900年6月29日，诺贝尔基金会的章程正式确定，诺贝尔基金会也就正式成立了。设有物理、化学、医学、文学和和平五项奖金，奖励在这五个方面具有开创性发现或成就的学者，和对人类和平作出重大贡献的个人。一百多年来，诺贝尔奖在科学家群体中得到重视，在世界产生的巨大作用为世人瞩目，对自然科学领域的进步也产生了巨大影响，其奖金得主基本上为世界该领域公认的，最有建树或最有成就的科学家。据瑞典皇家科学院秘书长，担任诺贝尔生理学或医学奖评委十多年的埃林·诺尔比教授说："诺贝尔奖描述了一部科学发展史"。

马镫改变了世界

马镫使用时悬挂于马上，骑马者的脚部可以蹬踏，是骑马必备的一种工具。它又被西方马文化研究界称为"中国靴子"，它是人类历史上一项具有划时代意义的发明。它使战马更容易驾驭，使人与马连接为一体，使骑在马背上的人解放了双手，骑兵们可以在飞驰的战马上边骑边射，马镫的发明改变了马背上的世界。马镫的使用使骑兵控马

▲青铜马镫

和战斗能力大幅提高。后来，马镫传入欧洲，使得欧洲人用马进行长途运输成为现实。马镫是什么时候发明的呢？它的发明对作战的士兵如何产生影响呢？

马镫出现之前

在马镫出现之前，人们对马的操纵很不便。骑兵至少需要一只手扶鞍鞯，即使发箭也只能一发，很难换箭支，只能使用单手兵刃和轻

▼早期的陶俑反映了当时没有马镫

一旦山路难走，双脚很难发力。骑兵型兵刃，双手刀、锤、斧等兵刃根本不能使用。在这一时期，骑兵除了速度占优外，其战斗力是远不如脚踏实地的步兵的，所以在骑兵到达目的地后，往往下马作战。在马背上的格斗中，骑兵不能竭尽全力大幅度摆动，否则会失去平衡而落马，从而危及生命。

马镫出现的历史记录

马镫发明时记载的资料现在很少，但据漠北出土壁画等文物，匈奴人是最早使

用马镫的民族。对于马镫的记载最早见于《南齐书》，唐朝以后马镫被广泛应用。西晋时有单镫，东晋十六国时有双镫。历史上有这样一个事实，即曹军曾一日一夜追击败军500里，如果没有马镫，大概骑兵们半路上就会掉下来，也不用追赶了，所以孙恭

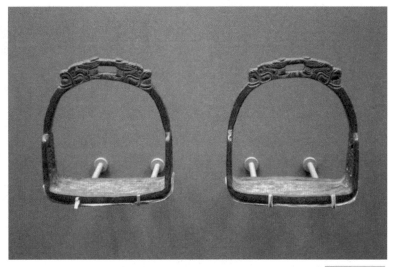

▲镀金马镫

恂教授认为三国时期的曹军已经装备了马镫，但是现在还没有有力的出土文物予以证实。中国出土的马镫，最早的是东晋时期的，已具有相当完备的制式。

马镫之后马背上的世界

马镫的发明加上长筒靴的普及，让骑兵解放了双手，人与马连接为一体，既可以双手持兵器在飞驰的战马上且骑且射，也可以在马背上左右大幅度摆动，完成左劈右砍的军事动作。骑兵也开始靠双脚控制平衡在马上冲、刺、劈、击，大大提升了骑兵的战斗力。马镫大多用铁制成，为的是使马镫更牢固，不脱落，保证骑兵的安全。

马镫在欧洲的传播

马镫传播到欧洲，给欧洲军队带来了很大的变革。有马镫前，骑兵主要是靠速度，与重装备的希腊或马其顿步兵战斗并占不了多少便宜。但有了马镫，就可以把马的冲力传给马上的骑兵，再传给骑兵手中的长矛，并且马镫使骑兵双手解放，可以有

◀铁马镫

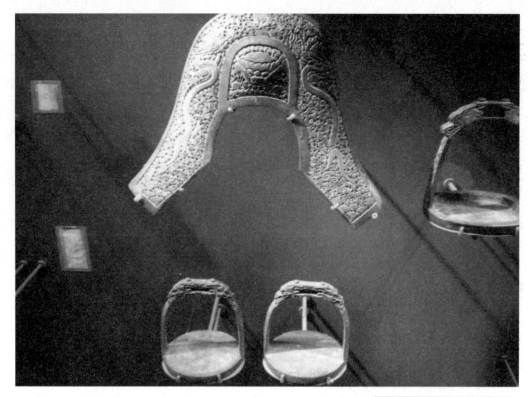

▲古代西方贵族使用的马镫

效地挥动重武器。从此步兵不再是骑兵的对手，欧洲进入以骑士为代表的封建时代，辉煌的马其顿方阵与罗马方阵也再难一见了。

在德国的一个文明之谜系列片文稿中，有一篇是讲述匈奴帝国领袖阿提拉的，公元370年左右，匈奴人如飓风般卷过欧洲，罗马军团的战斗力在他们面前不堪一击。这些匈奴人在军事上所占的优势之一就是有马镫，可长时间骑行而不劳累，这样人与马配合熟练，机动性超强。

7世纪，阿拉伯骑兵骑着有马镫的战马挥舞弯刀冲上了欧洲大陆。这片土地上的法兰克人与日耳曼人几乎同时学会了使用马镫，从而解放了双手，轻松自如地在马上用兵器作战。如果没有从中国引入马镫，欧洲骑士就无法骑在马背上创造出骑士时代。马镫的使用使骑兵控马和战斗能力大幅提高。11世纪至13世纪，这是骑士文化真正兴起的时期，这期间由教皇发起的十字军东征，可说是正式为骑士赋予了宗教性质与地位，并且也正式制定了完整的骑士制度，这些制度就是日后人们所乐道的"骑士精神"。这也在一定程度上与马镫的传播有着密不可分的联系。

马镫的影响

英国科技史学家怀特曾指出："很少有发明像马镫那样简单，也很少有发明具有如此重大的历史意义。马镫把畜力应用在短兵相接之中，让骑兵与马结为一体"。

万有引力让我们认识万物关系

17世纪早期，人们已经能够区分很多力，比如空气阻力、摩擦力和重力等。而一个思考苹果落地的发现帮助我们认识万物关系的万有引力，首次将这些看似不同的力准确地归结到一个概念里。而且这个概念简单易懂，涵盖面广。这给当时以及我们现在的时代带来了深刻的变化。那个青年是如何开始思考这个问题的呢？万有引力定律又有什么样的含义呢？

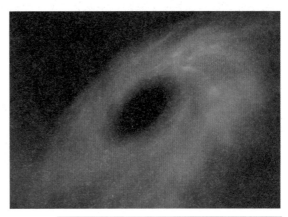

▲宇宙万物的运动规律离不开万有引力原理

万有引力的发现

1666年，艾萨克·牛顿还只是剑桥大学圣三一学院三年级的学生，那年他23岁。黑死病席卷了整个欧洲，夺走了很多人的生命。大学被迫关闭，像牛顿这样热衷于学术的人只好返回乡村。在乡村的日子里，牛顿一直被这样的问题困扰：是什么力量驱使月球围绕地球转，地球围绕太阳转？为什么月球不会掉落到地球上？为什么地球不会掉落到太阳上？坐在姐姐的果园里，牛顿听到"咚"的一声，一只苹果落到草地上。他急忙转头观察第二只苹果落地。第二只苹果从外伸的树枝上落下，在地上反弹了一下，静静地躺在草地上。苹果落地虽没有给牛顿提供答案，但激发了这位年轻的科学家思考新问题：苹果为什么会落地呢？苹果会落地，而月球不会掉落到地球上，它们之间存在什么不同呢？第二天早晨，天气晴朗，牛顿看见小外甥正在玩小球。他手上拴着一条皮筋，皮筋的另一端系着小球。他先慢慢地摇摆小球，然后越来越快，最后小球就径直抛出。

▼"水往低处流"就是地球引力作用的结果

▼牛顿像

万有引力的内涵

牛顿认为：万有引力是在物体之间产生的一种相互作用，这是由于物体具有质量而产生的。它的大小和物体的质量以及两物体之间的距离有关，而且它的大小与两物体的质量的乘积成正比，与两物体距离的平方成反比。也就是说，物体质量越大，它们之间的万有引力就越大，物体之间的距离越远，它们之间的万有引力就越小。并且，质量越大的东西产生的引力越大，而地球的质量产生的引力足够把地球上的东西全部抓牢。

这给了牛顿很大的启示。牛顿猛然意识到月球和小球这两种运动极为相像。两种力量作用于小球，这两种力量是皮筋的拉力和向外的推动力。同样，也有两种力量作用于月球，即重力的拉力和月球运行的推动力。正是在重力作用下，苹果才会落地。之后他对此进行深入的研究，终于有了发现。重力不仅仅是行星和恒星之间的作用力，而是普遍存在的吸引力。任何两个物体之间都存在这种吸引作用。普遍存在于宇宙万物之间的这种吸引作用，就是万有引力。

万有引力发现的意义

牛顿的万有引力定律涵盖面广，但简单易懂。苹果落地，人有体重，月亮围绕地球转，这些现象都是由相同原因引起的。牛顿认为万有引力是所有物质的基本特征，这成为大部分物理科学的理论基石。牛顿利用万有引力定律不仅说明了行星运动规律，而且还指出木星、土星的卫星也有同样的运动规律。他根据万有引力定律成功地预言并发现

▼宇宙物质之间都存在万有引力作用

了海王星。另外，他还解释了彗星的运动轨道和地球上的潮汐现象。在万有引力定律出现后，研究专家才正式把研究天体的运动建立在力学理论的基础上，从而创立了天体力学。万有引力的发现对人类产生了极大的影响力。

涨潮

万有引力与日常生活

万有引力在生活中有很多的表现。我们常说的"人往高处走水往低处流"，是自然界中的一条客观规律，其原因是水受重力影响由高处流向低处。生物对外界的刺激能产生相应的反应，这在生物上叫应激性。比如，地面生长的植物根向地生长，茎背地生长，这正是对重力的适应。树叶枯萎时会落在地上也是受重力作用的影响。

落潮

▲潮涨潮落与月球引力有关

我们所生活的环境也与万有引力有着密切的关系。大气层是人类生活和万物生长所必不可少的，而正是地球对大气的引力作用才使大气层紧紧地包围在地球周围而不会飘散而去。若没有万有引力，地球周围就不会有大气层，也不会有刮风、下雨、下雪等各种自然现象。地球对月球的万有引力提供月球绕地球转的向心力，星际物质之间的万有引力导致星体的形成，人造地球卫星靠万有引力维持在轨道上绕地球转。在平时参加的跳高运动中，人们必须要先有一段距离的助跑，因为人们需要在起跳的过程中克服重力做功，没有这个过程人们是不可能跳那么高的。由于月球表面的重力加速度大约是地球表面加速度的1/6，所以同一个运动员在月球上跳起的高度大约为地球上的6倍。

居住在海边的人每天都有机会看到潮涨潮落。人们把海水这种周期性的涨落称为潮汐。这也是因为月球和太阳对海水的吸引力才产生了潮汐。海水随着地球自转本身也在旋转着。所有旋转的物体都有离开旋转中心，要被甩出去的倾向，这是受到离心力的作用。同时海水还受到太阳、月球等其他天体的吸引力，因为离地球最近的是月球，所以月球的引力就相对较大。这样海水在这两个力的共同作用下，就形成了引潮力。由于地球、月球在不断的运动之中，它们与太阳的相对位置就处在周期性的变化中。这种周期性变化也就导致引潮力也在周期性变化，并周期性地发生了潮汐现象。

万有引力在我们的生活中无处不在。

透镜让我们换个角度看世界

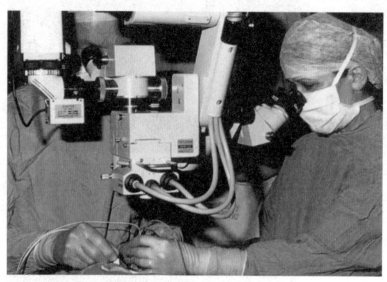

▲人类利用透镜原理制作精密的仪器

凸透镜、凹透镜对我们的生活有着很大的帮助，让我们多个角度看这个世界。用眼过度导致近视的时候我们会戴眼镜，随着年龄的增长，我们的长辈们眼花了的时候也会戴眼镜。这不同的眼镜有着怎样不同的原理呢？它们是怎么帮助我们更清楚地看清万物的呢？

透镜的种类

透镜大体上可以分为两大类，凸透镜和凹透镜。它是由透明物质（如玻璃、水晶等）制成的一种光学元件，其是两个球面，或一个球面一个平面的透明体。中央部分比边缘部分厚的叫凸透镜，有双凸、平凸、凹凸三种；中央部分比边缘部分薄的叫凹透镜，有双凹、平凹、凸凹三种。所以细分的话，透镜共六种。

▼放大镜

透镜的原理

透镜是根据光的折射规律制成的。

凸透镜的中央部分比较厚。薄凸透镜有会聚作用，故又称聚光透镜。较厚的凸透镜则有望远、会聚等作用，这与透镜的厚度有关。凹透镜镜片的中央薄，周边厚，呈凹形，亦称为负球透镜。凹透镜对光有发散作用，在光疏介质中使用时，能对入射光束起发散作用，故又称发散透镜。它也是利用光的折射规律，只是镜片的构造不同，就产生了不同于凸透镜的效果。

眼睛是如何看见物体的

周围的物体发出的或反射的光进入人眼，我们才能看见物体。眼球分别由瞳孔、晶状体、视网膜、视神经组成。瞳孔是光线进入眼睛的通道，它可以扩大或缩小，调节进入眼内的光量。晶状体是透明的水晶体，就像凸透镜一样可以成像。物体成像在视网膜上。视网膜上有许多感光细胞，能感知光的强弱和色彩。视神经和大脑相连，把视网膜上的信号报告给大脑，这样我们就能看到物体了。物体通过晶状体成像在视网膜上，我们才能看清楚。所以在没有光的情况下，我们是无法看见物体的。

就像弹簧长时间被拉伸，可能就不能恢复到原来的状态一样，如果长时间看

▲老花镜

近处的物体，晶状体凸度总是比较大，牵引晶状体的肌肉总是处于紧张状态，日子久了，肌肉就会疲劳，失去调节能力。等再看远处的物体时肌肉不能放松，晶状体凸度不能变小成像就会模糊，这就形成了近视眼。所以，近视眼是晶状体变厚造成的，晶状体变厚，折光能力变强，光线经晶状体折射后落在视网膜前方，形成模糊的像。而凹透镜能使光线变得发散，发散后的光线经晶状体折射后正好落在视网膜上，这样就可以形成清晰的像。

近视眼是现在中小学学生中一种普遍存在的现象。1996年的统计资料说明：小学生目前的近视率为22.78%，中学生的近视率为55.22%，其中高中生为70.34%。而且还有上升的趋势。近视给我们的学习、生活带来了许多不便，所以我们要学会预防，注意保护好我们的眼睛。

老花是一种自然的生理老化现象，随着调节力下降，从40岁左右开始，无论有无近视或远视均会发生老花。表现为将阅读物放远些才能看清楚，到一定时候需用透镜帮

助看清。由于老花眼与近视眼矫正的原理是相反的，所以戴上凸透镜就能看清物体了。

透镜在我们生活中的其他应用

凸透镜对光有会聚光线作用，在生活中有很广泛的应用。生活中利用它的有远视眼镜、望远镜、照相机、投影仪、放大镜、显微镜等等。利用凸透镜成放大、倒立、实像，可运用在放映机、幻灯机上。利用凸透镜成倒立、缩小、实像，可运用在照相机（同眼睛看见物体的原理一样）上。放大镜和老花镜一样，都是利用凸透镜成正立、放大、虚像。凹透镜可以使光线发散。就像上面刚提到的，凹透镜可以做近视镜。它也参与显微镜、望远镜等的制作。

门镜也就是我们常说的"猫眼"，是由两块透镜组合而成。当我们从门内向外看时，外面的是凹透镜，里面的是凸透镜。凹透镜的焦距极短，它将室外的人或物成一缩得很小的正立虚像，此像正好落在凸透镜的第一焦点之内，凸透镜起着放大镜的作用，最后得到一个放大的正立虚像，此像恰成在人眼的明视距离附近。这样对于门外的情况，屋内的人就可以看得清楚了。

但是如果从外看里面也能这样看得很清楚，那我们就会感到很不安全，也就没有必要安装"猫眼"了。其实如果一个人在外面向里面看，也就是倒看时，外面的是凸透镜，贴近他的眼睛的是凹透镜，室内的景物，通过会聚光线的凸透镜后的折射光束本应生成倒立的实像，但在尚未成像之前就落到发散的凹透镜上，由于焦距极短，最后得到的正立虚像距凹透镜很近，只有2~3厘米，又由于门镜的孔径很小，室外的人不得不贴近凹透镜察看，这样，人眼与像之间的距离，也只不过2~3厘米，这个距离远小于正常人眼的近点。因此，对于室外的人来说，室内是不能窥见的。若装上此镜，对于家庭的防盗和安全，能发挥一定的作用。

透镜让我们用不同的角度看这个精彩的世界，看到它更精彩的一面。

注意科学用眼

①在读书、写字时，要注意"三个一"，即眼睛离书本一尺、胸离桌子一拳、手离笔尖一寸；②走路或乘车时不要看书；③不要躺着或趴着看书；④劳逸结合，用眼时间不要过长，应每隔50分钟左右休息10分钟。学生下课后要到教室外进行望远活动。⑤看电视时，每小时应休息5~10分钟，眼与屏幕的距离一般为3~5米。室内要有一定的照明，避免耀眼。看完电视后最好做一下眼保健操，改善眼睛的疲劳状态。

血型证实我们的不同

当我们去献血时，那些工作人员会告诉我们自己的血型，并且输血时也要输同种血型的血。还有的人知道自己的血型是O型后，觉得自己是万能的输血者。输血有什么原理吗？有什么稀有血型吗？血型又与我们的性格有什么关系吗？

▲排队验血的人群

血型的含义

身体里的血液有不同的类型。血型是以血液抗原形式表现出来的一种遗传性状。狭义地讲，血型专指红细胞抗原在个体间的差异。通常人们对血型的了解往往仅局限于ABO血型以及输血问题等方面，实际上，血型在人类学、遗传学、法医学、临床医学等学科都有广泛的实用价值。同时，动物血型的发现为血型研究提供了新的问题，也指明了研究方向，更多的发现会让人类更好地认识身体中的血液。

血型的发现

血型的不同是如何发现的呢？1901年奥地利病理学家与免疫学家兰茨坦纳发现了第一个人类血型系统，将其称为ABO血型系统。这一划时代的发现，为人类以后安全输血提供了重要保证，使临床输血成为一项有效的治疗手段。为此，他赢得了"血型之父"的美誉，于1930年获得了诺贝尔奖。

那是1900年，兰茨坦纳在奥地利维也纳大学病理研究所工作，他正在研究发热病人血清中的溶血素，这些溶血素能溶解正常人的红细胞。可是研究结果表明，溶血素与发热病人并没有什么关联，但是他注意到正常人的血清中存在一种凝集素，能够凝集其他人的红细胞。于是他想到了输血反应。输血反应的原因，是不是输血者和受血者血液中的血清与红细胞发生凝集的缘故呢？

他把每个人的红细胞分别与别人的血清交叉混合后，发现有的血液之间发生凝集反应，有的则不发生。他认为凡是凝集者，红细胞上有一种抗原，血清中有一种抗体。如抗原与抗体有相对应的特异关系，便发生凝集反应。如红细胞上有A抗原，血清中有A抗体，便会发生凝集。如果红细胞缺乏某一种抗原，或血清中缺乏与之对应的抗体，就不发生凝集。他发现：

▼血液中的红细胞

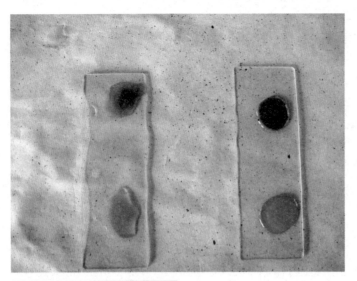
▲不同类型的血可以用试剂区分

一个人的血清和自己的红细胞相遇，并不会发生凝集；而不同人的红细胞和不同人的血清相遇，就可能出现不同的结果。如果产生凝集，那絮状团块就会堵塞毛细血管，造成输血反应。之后他继续进行深入分析，他发现了人类红细胞血型A、B、C（即现在的O型）三型。1902年他的两个学生又发现了A、B、C之外的第四型。后来国际联盟卫生保健委员会将这四种血型正式命名为A、B、O、AB型。血型的发现对人类的发展产生了很大的影响。

血型的种类

之后学者的研究促进了人们对血型的认识。继兰茨坦纳的发现之后，也有人各自独立发现了血型系统，但命名不一致，曾一度产生过混淆。后来，国际命名决定采用兰茨坦纳的命名法，把血型统一划分为A型、B型、O型和AB型。几十年来，许多医学工作者在A、B、O血型的基础上，继续深入研究，又发现了人体的许多种血型类别。至今，已发现90多种血型，15个血型系统。

稀有血型

稀有血型就是一种少见或罕见的血型。随着血型血清学的深入研究，科学家们已将所发现稀有血型，分别建立起的稀有血型系统，如RH、KIDD、MNSSU、P、DEIGO、LEWIS、KELLLUTHERAN、DUFFY以及其他一系列稀有血型系统。兰德斯坦纳等科学家在1940年做动物实验时，发现恒河猴和多数人体内的红细胞上存在RH血型的抗原物质，故而将其命名为RH血型。凡是人体血液红细胞上有RH抗原

▼因血型差异输血前应先配型

（又称 D 抗原）的，称为 RH 阴性。这样就使已发现的红细胞 A、B、O 及 AB 四种主要血型的人，又都分别一分为二地被划分为 RH 阳性和阴性两种。随着对 RH 血型的不断研究，学者认为 RH 血型系统可能是红细胞血型中最为复杂的一个血型系。根据有关资料介绍，RH 阳性血型的人数在我国汉族及大多数民族中约占 99.7%，在个别少数民族中约占 90%。在国外的一些民族中，RH 阳性血型的人约占 85%，其中在欧美白种人中，RH 阴性血型人约占 15%。

血型与性格有关系吗？

血型与性格的确切联系还没有明确的答案。但日本的学者经过多年研究，认为血型有其有形物质和无形气质两方面的作用。气质是无形成分，血型的气质表现，就是这类血型的人特定的思维方式、行为举止、谈吐风度等，是生物遗传的结果。比如 O 型血的人的性格特征是热情、坦诚、善良、讲义气，办事雷厉风行、踏实苦干、效率高。B 型血的人聪明、思路广、拓展力强、最怕受约束。但我们的性格千差万别，不是同种血型的人性格都一样的，这是因为血型与性格的关系，除了遗传因素决定其本质外，还受出生地、生长、学习、工作环境的影响，受着周围人和事的影响。

我们在了解这一联系的基础上，去观察、分析，做好自己的工作并处理好与周围人的关系。比如你是 B 型血，你思维敏捷、创造力强，可选择音乐、艺术、开发等职业，那些操作规程严格、讲究一丝不苟的工作不适合你。总之，根据自己的血型性格特征择业。再比如说，对待一个人，先要知道他的血型，了解他的性格特征，然后采取相应的方法。如果你是 A 型血，你喜欢按部就班、有条有理地办事，而你的同事是 B 型血，你们的作风就迥然不同。他最讨厌办事讲究形式，喜欢无拘无束，经常迟到。这两种人共事，难免产生摩擦。如果都只盲目地表现自己的性格，双方的关系会很紧张。如果双方都具备血型知识，对待他人的言行就比较冷静客观，彼此反应也比较恰当。双方的互相体谅不但为小环境带来了轻松和谐的气氛，而且对自身的健康也起保护和促进作用。血型知识的掌握能在一定程度上，使你的成功机会大大增加。

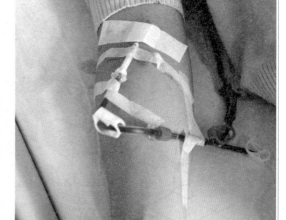

▶正在接受输血的病人

光合作用让我们读懂了植物

植物给我们制造生命存在必需的氧气，让我们得以生存。还有人把绿色植物比作大气的"清洁工"，这个比喻既形象又恰当，它能够滞留、吸附、吸收空气中的粉尘、烟尘等污染物和各种有害气体，使空气变得干净、新鲜。它们总是勤勤恳恳，从不懈怠。植物是怎么制造氧气的呢？人们又是怎么发现的呢？植物对我们的生活都产生什么样的影响呢？

▲光合作用是绿色植物的特能

光合作用的发现进程

光合作用是怎样发现的呢？是怀疑精神让我们的科学家们得以发现这一生理过程。

在很长的一段时间里，人们普遍认为有了土壤，植物就可以生存。1648 年，一位比利时的科学家海尔蒙特对人们之前的认识产生了怀疑。他设计了这样一个实验：他把一棵重 2.5 千克的柳树苗栽种到一个木桶里，木桶里盛有事先称过重量的土壤。以后，他每天只用纯净的雨水浇灌树苗。为防止灰尘落入，他还专门制作了桶盖。五年以后，柳树增重 80 多千克，而土壤却只减少了 100 克。为此，海尔蒙特提出了建造植物体的原料是水分的观点。

其他的科学家继续探索。一位英国科学家普利斯特利首先想到植物的生长与空气的作用有关。1771 年普利斯特利做了这样的实验：在光线充足的地方，将一支点燃的蜡烛和一只小白鼠分别放到一个密闭的玻璃罩里，看到蜡烛没一会儿就熄灭了，而小白鼠也很快死去。将绿色植物放在这个玻璃罩内，蜡烛没有那么快熄灭，小白鼠也不容易窒息而死。再用一个纸盒将玻璃罩罩住，使它不接受光线，结果蜡烛很快熄灭，小白鼠又很快死了。这个实验说明了绿色植物在光照下吸收二氧化碳，并且产生氧气。

◀科学家发现光合作用

1864 年，德国的萨克斯有新的发现。他做了一个实验：把绿色植物叶片放在暗处几个小时，目的是让叶片中的营养物质消耗掉，然后把这个叶片一半曝光，一半遮光。过一段时间后，用碘蒸气处理发现遮光的部分没有发生颜色变化，曝光的那一半叶片则呈深蓝色。通过这一实验，他成功地证明绿色叶片在光合作用中产生淀粉。

1880 年，德国科学家恩吉尔曼用实验证明了绿色植物进行光合作用的场所。他用水绵进行了光合作用的实验：把载有水绵和好氧细菌的临时装片放在没有空气并且是黑暗的环境里，然后用极细的光束照射水绵。通过显微镜观察发现，好氧细菌只集中在叶绿体被光束照射到的部位附近；如果上述临时装片完全暴露在光下，好氧细菌则集中在叶绿体所有受光部位的周围。恩吉尔曼的实验证明：叶绿体是绿色植物进行光合作用的场所，氧是由叶绿体释放出来的。

1897 年，在教科书中人们首次称它为光合作用。

光合作用的原理

叶绿体中的色素分为叶绿素和类胡萝卜素两大类。叶绿素又分为两类：叶绿素 a，呈蓝绿色；叶绿素 b，呈黄绿色。类胡萝卜素也分为两类：胡萝卜素，呈橙黄色；叶黄素，呈黄色。这些色素有什么作用呢？它们可以吸收、传递和转化光能。绿色植物利用光能，通过叶绿体，把二氧化碳和水转化成储存着能量的有机物，并且释放出氧。

▲氧气的发现

光合作用的意义

通过上面的介绍我们知道，植物通过光合作用将很简单的无机物合成了生物必需的有机物，释放出了氧，并且储存了能量。那么让我们想象这样一个情景：假如地球上没有了光合作用，空气中二氧化碳会越来越多，最终会使进行有氧呼吸的生物，包括人类，窒息而死；人们将得不到各种食物；能源将更加缺乏。由此可见，没有了光合作用，整个生物界将无法生存。所以光合作用对生物界，乃至整个自然界都是有重要作用的。

光合作用首先是产生了有机物。地球上的绿色植物好像是一座"绿色工厂"，可以源源不断地为生物提供物质来源。其次，使大气中的氧气和二氧化碳的含量相对稳定。绿色植物又好比是一台天然的"空气净化器"，不断地通过光合作用吸收二氧化碳和释放氧气。最重要的是，没有光合作用制造氧气，地球上有氧呼吸的生物就不能产生和发展。

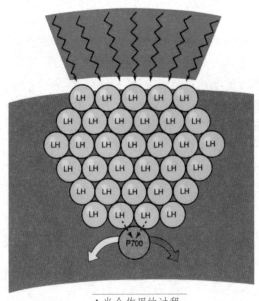

▲光合作用的过程

植物对我们生活的影响

绿色植物不仅能通过光合作用吸收大气中的二氧化碳和释放氧气，以消除大气中积累的二氧化碳，补充所损失的氧气，还能吸收各种有害气体。树木对二氧化硫有很强的吸收能力。据测定，每千克柳树叶（干重），每月可吸收 3.2 克的二氧化硫；每千克石榴叶（干重），能吸收 7.5 克二氧化硫。又据测定，每公顷柳杉林，每年可吸收二氧化硫 720 千克，而柑橘叶片的吸收数量比柳杉还要多 1 倍。在空气受二氧化硫污染的地方，臭椿叶片中的含硫量比没有受污染的地方含硫量大 30 倍。

植物还能净化污水。植物为何能净化污水呢？这是因为植物在生长发育过程中，需要不断地吸收水分和溶解在水中的营养物质，这样污染物质也就被植物吸收到体内，这些物质有的被植物利用，有的富集在植物体内，从而大大减少了水中的污染物质，使污染的水质得到改善和净化。植物的确是净化污水的"能手"，而且越来越受到人们的青睐。美国圣地亚哥市建成了大规模的水生植物净化水示范工程；丹麦利用海莴苣来净

▼数千万年前的早期植物已具备光合作用能力

▲植物通过光合作用产生氧气

化被污染的浅水湾，收到了很好的效果；我国利用放养凤眼莲来净化太湖水，也起到了改善水质的作用。

在人口爆炸、粮食危机、能源匮乏、环境污染等问题日趋严重的今天，光合作用、植物对整个生物界都有非常重要的意义。

光合作用与生物进化

直到距今20亿～30亿年以前，地球上出现绿色植物以后，大气中才逐渐含有了氧，从而使地球上其他进行有氧呼吸的生物才得以产生和发展。同时，大气中的一部分氧可以转化为臭氧（O_3），于是，在大气的上面就形成了臭氧层。臭氧层好像是一把保护伞，正是由于具有了这样一把巨大的保护伞，在进化过程中，水生生物才开始逐渐在陆地上生活。所以对生物的进化，光合作用也有重要作用。

青霉素是亿万人的救星

在我们生病时，注射青霉素就会使我们很快地好起来。它是如何能既杀死病菌，又不损害人体细胞的呢？注射青霉素之前，医生会让我们做皮试，这又是什么原因呢？在生活当中，青霉素对我们还有哪些治疗作用呢？

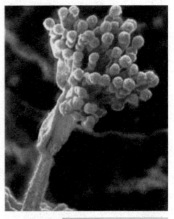
▲显微镜下的青霉菌

青霉素的发现历史

在青霉素产生之前，人类一直未能掌握一种能高效治疗细菌性感染且副作用小的药物。当时若某人患了肺结核，那么就意味着此人不久就会离开人世。是英国细菌学家弗莱明发现了青霉素。

青霉素的提炼与临床治疗

然而令人遗憾的是，弗莱明一直未能找到提取较高纯度青霉素的方法。于是，他将青霉菌菌株一代代地培养，但很难从中提取足够的数量供治疗使用。不过他的发现为后来的科学家开辟了道路。1935年，英国牛津大学生物化学家钱恩和病理学家佛罗理对弗莱明的发现大感兴趣。钱恩进行青霉菌的培养和青霉素的分离、提纯和强化，使其抗菌力提高了几千倍，佛罗理负责对动物观察试验。在佛罗理的领导下，联合实验组紧张地开展了研制工作。细菌学家们每天要配制几十吨培养液，把它们灌入一个个培养瓶中，在里面接种青霉菌菌种，等它充分繁殖后，再装进大罐里，然后送到钱恩那儿进行提炼。经过努力的提炼工作和紧张实验，他们终于用冷冻干燥法提取了青霉素晶体。他们获得了能救活一名病人所需的青霉素，并救活了一名病人，证明了这种药物的无比效能。至此，青霉素杀菌的功效得到了证明。

但与此同时，佛罗理也面临着其他的问题。他也清醒地意识到，为青霉素能广泛地用于临床治疗，必须改进设备，进行大规模生产。但对联合实验组来说，这是无法办

发现青霉素的一个偶然失误

这个重大的发现原来是源于一个偶然的失误。1928年的一天，弗莱明在他的一间简陋的实验室里研究导致人体发热的葡萄球菌。由于盖子没有盖好，他发觉培养细菌用的琼脂上附了一层青霉菌。他的助手过来说："这是被杂菌污染了，别再用它了，让我倒掉它吧。"弗莱明没有马上把这培养器交给助手，而是仔细观察了一会儿。使他感到惊奇的是，在青霉菌的周围，有一小圈空白的区域，原来生长的葡萄状球菌消失了。难道是这种霉菌的分泌物把葡萄状球菌杀灭了吗？此后的鉴定表明，上述霉菌点为青霉菌。这个偶然的发现深深吸引了他，他设法培养这种霉菌进行多次试验，证明这种物质可以在几小时内将葡萄球菌全部杀死。弗莱明将其分泌的抑菌物质称作青霉素。

到的事。而且，当时的伦敦正遭受德国飞机的频繁轰炸，要进行大规模生产也很不安全。1941年6月，佛罗理带着青霉素样品来到不受战火影响的美国。经过与美国科学家的合作和共同努力，终于制成了以玉米汁为培养基，在24℃的温度下进行生产的设备。用它提炼

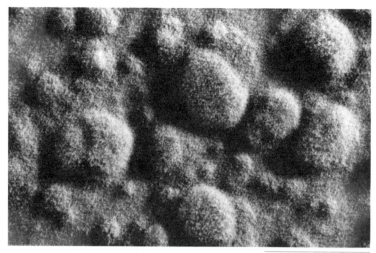

▲人工培育的青霉菌

出的青霉素，纯度高，产量大。到了1943年，制药公司已经发现了批量生产青霉素的方法。当时正在进行第二次世界大战，这种新的药物对控制伤口感染非常有效。

青霉素的发现和大量生产，及时抢救了许多的伤病员，拯救了千百万肺炎、脑膜炎、脓肿、败血症患者的生命。青霉素的出现，当时曾轰动世界。为了表彰这一造福人类的贡献，弗莱明、钱恩、弗罗理于1945年共同获得诺贝尔医学和生理学奖。

青霉素简介

青霉素是分子中含有青霉烷，能破坏细菌的细胞壁，并且在细菌细胞的繁殖期起杀菌作用的一类抗生素。它是从青霉菌培养液中提制的药物，是第一种能够治疗人类疾病的抗生素。青霉素之所以能既杀死病菌，又不损害人体细胞，原因在于分子中含有青霉烷，能够使病菌细胞壁的合成发生障碍，导致病菌溶解死亡，而人和动物的细胞则没有细胞壁。青霉素类抗生素的毒性较小，是化疗指数最大的抗生素。除能引起严重的过敏反应外，在一般用量下，其毒性不甚明显，但它不能耐受耐药菌株（如耐药金葡）所产生的酶，易被其破坏，且其抗菌谱较窄，主要对革兰氏阳性菌有效。

▼青霉素在医学中应用越来越广泛

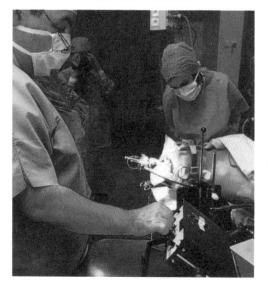

但由于个别人使用青霉素时会发生过敏反应，所以使用青霉素必须先做皮内试验。青霉素过敏试验包括皮肤试验方法（简称青霉素皮试）及体外试验方法，其中以皮内注射较准确。皮试本身也有一定的危险性，约有25%的过敏性休克死亡的病人死于皮试。所以皮试或注射给药时都应做好

▲青霉素已经在动物治疗中广泛应用

充分的抢救准备。在换用不同批号青霉素时，也需要重做皮试。青霉素类抗生素所常见的过敏反应在各种药物中居首位，过敏的发生率可达 5% ~ 10%，为皮肤反应，表现为皮疹、血管性水肿，最严重者会过敏性休克。以注射用药的发生率最高。多在注射后数分钟内发生，症状为呼吸困难、发绀、血压下降、昏迷、肢体强直，最后惊厥，抢救不及时可造成死亡。过敏反应的发生与药物剂量大小无关。所以我们在使用青霉素时要很慎重。

青霉素与我们的生活

第二次世界大战促使青霉素得以大量生产。1943 年，已有足够的青霉素治疗伤兵；1950 年，青霉素的产量可满足全世界需求。青霉素的发现与研究成功，成为医学史的一项奇迹。青霉素从临床应用开始，至今已发展为三代。青霉素的出现开创了用抗生素治疗疾病的新纪元。通过数十年的完善，青霉素针剂和口服青霉素已能分别治疗肺炎、肺结核、脑膜炎、心内膜炎、白喉、炭疽等病。继青霉素之后，氯霉素、土霉素、四环素、链霉素等抗生素不断产生，增强了人类治疗传染性疾病的能力。截至 2010 年年底，我国青霉素的年产量已居世界首位，占世界青霉素年总产量的 90% 以上。

随着青霉素在我们生活中越来越广泛的应用，部分病菌的抗药性也逐渐增强。为了解决这一问题，科研人员目前正在开发药效更强的抗生素，探索如何阻止病菌获得抵抗基因，并以植物为原料开发抗菌类药物。而这将给我们的生活带来更大的帮助。

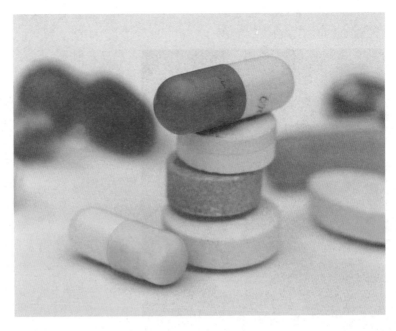

▶新型的青霉素药片

发现肺循环

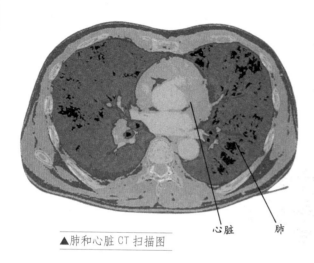
▲肺和心脏 CT 扫描图

在每天的生活中，我们都在无意识地呼吸着，肺循环表明着我们生命的继续，表明我们的存活状态。那么肺循环是如何进行的呢？

肺循环的过程

肺循环相对于从左心室到右心房的体循环（大循环），它也被称为小循环，它是从右心室到左心房的血液循环。肺循环是由肺动脉、肺静脉及其分支共同构成的。从体循环返回心脏的静脉血，经右心房进入右心室。当右心室收缩时，血液经总肺动脉，在肺门分成左右分支并各随其相应的支气管再分支到终末细支气管，成为毛细血管床，分布于肺泡壁，在此进行气体交换，使静脉血变成含氧丰富的动脉血。从毛细血管网收集氧和血液后，在肺小叶间隔中再汇合，最后进入左心房，再进入左心室。上述血液循环就是肺循环的途径。

肺循环的生理特点

肺循环的主要特点表现在两个方面。一是血流阻力小、血压低。肺动脉分支短而管径较大，管壁较薄而扩张性较大，故肺循环的血流阻力小，血压低。肺循环血压明显低于体循环系统。二是肺的血容量较大，而且变动范围大。这是由于肺组织和肺血管的可扩张性大，正常情况下，肺部约容纳 450 毫升血液，其中绝大部分血液集中在静脉系统内，约占全身血量的 9%，在用力呼气时，肺部血容量减少至约 200 毫升；而在深吸气

肺循环的提出

塞尔维特（1511—1553）出生于西班牙纳瓦拉一个律师家庭。1526 年到法国图卢兹大学学习法律，他在研究《圣经》中，越来越感到《圣经》中所载内容的荒诞不经，于是开始批判教会，从而被判定为异端分子，后改名逃往巴黎，学习物理、数学和星象学，同时在好友启皮尔影响下到巴黎大学攻读医学。1542 年定居维也纳，开始撰写《基督教复兴》一书。《基督教复兴》一书虽属神学著作，但其中广泛涉及医学内容，在该书一卷十五章中首次提出肺循环学说，认为血液由右心室经肺动脉流向肺，再经肺静脉流回左心，血液在肺部放出"焦味、煤烟、尘埃"，吸入空气，重新恢复血液的鲜红色，清洁的血液从左心流出，循着动脉散布到全身。此学说已推测血液须在肺部进行气体交换，可惜他被教会活活烧死，未能进行进一步深入研究。

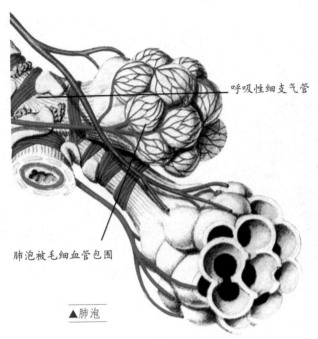

呼吸性细支气管

肺泡被毛细血管包围

▲肺泡

时可增加到约 1000 毫升。人体卧位时的肺血容量比立位和坐位要多 400 毫升。故肺循环血管起贮血库作用。在每一个呼吸周期中，肺循环的血容量也发生周期性的变化，并对左心室输出量和动脉血压发生影响。在吸气时，由腔静脉回流入右心房的血量增多，右心室射出的血量也就增加。在呼气时，发生相反的过程。当机体失血时，肺血管收缩，血管容积减小，将部分血液送入体循环，以补充循环血量。所以肺循环的过程就给血液中供应生命需要的氧和营养物质。

肺循环与体循环

肺循环又称小循环，那与此相对的就是体循环，又称大循环。那么肺循环和体循环有什么区别呢？体循环就是血液（动脉血）由左心室射出后，经主动脉及各级分支，到达全身各部的毛细血管（肺除外），进行物质交换和气体交换，使动脉血变成静脉血。静脉血经各级静脉汇合至上、下腔静脉及冠状静脉窦流回右心房。从主动脉到上、下腔静脉和冠状窦的循环过程就被称为体循环。在体循环中，血液把氧和营养物质运送到全身各组织，并把二氧化碳和其他代谢产物从组织中运走。

通过体循环，血液与组织细胞进行了物质交换，将带来的养料和氧供给全身各组织细胞利用，于是，动脉血就变成了静脉血。在肺循环中，血液流经肺部毛细血管网时，血液中的二氧化碳进入肺泡，肺泡中的氧进入血液。这样，静脉血变成了动脉血。经过体循环的红细胞是失去氧的红细胞，血液颜色为暗红，而经过肺循环的红细胞是含氧红细胞，血液为鲜红色。体循环和肺循环在心脏处连通。体循环的主要特点是路程长，流经范围广泛，以动脉血滋养全身各部，又将其代谢产物经静脉运回心脏。肺循环的特点是路程短，只通过肺，它

▼正常肺与癌变肺对比图

正常的肺

癌变的肺

的主要功能就是完成气体交换。体循环和肺循环同时进行，并且在心脏处汇合在一起，组成一条完整的循环途径，为人体各个组织细胞不断地运来养料和氧，又不断地运走二氧化碳等废物。肺循环和体循环共同使人体器官得以运行，生命得以存活。

肺循环的途径：

静脉血从右心室→肺动脉干及其分支→肺泡毛细血管→变成动脉血→肺静脉→左心房

体循环的途径：

动脉血从左心室→主动脉→各级动脉→全身毛细血管网→变成静脉血→各级静脉→上下腔静脉→右心房

锻炼肺循环功能

通过我们有意识的运动，可以锻炼肺循环功能，进而提高人的体力、耐力和新陈代谢潜在能力，让身体更健康。但是轻微的运动达不到锻炼的目的。只有达到一定强度的有氧运动，才能锻炼心肺循环功能，才是最有价值的运动。也就是说，有氧运动在达到或接近它的上限时，才具有意义。而这个上限的限度，对每个人来说都是不同的。

冬泳就是一种很不错的锻炼方式。人在冷环境下运动时，换气量会显著增加，心跳率与心输出量则不会显著改变（透过血压上升来调节）。研究发现，人以相同的速度在 17℃ 与 26℃ 的水温中游泳时，

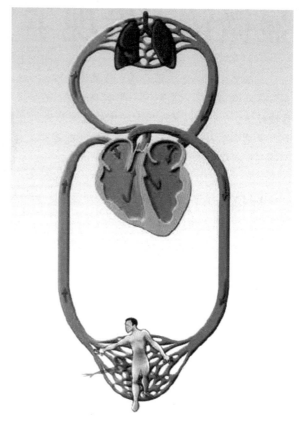

▲心肺解剖示意图

▲动脉血与静脉血比较

每分钟的摄氧量差距达到 500 毫升之多。所以，冷环境确实能提高人体运动时心肺循环的负荷。坚持冬泳就可以提高肺循环的功能，身体更强健。

显微镜下发现了另一个世界

人眼能看到的范围很有限，科技的进步让我们借助显微镜可以看到另一个微观世界。在显微镜下，人们得以深入观察物体的微细结构，发现了更多令人惊奇的现象。那么显微镜是如何让我们看得更清楚的呢？

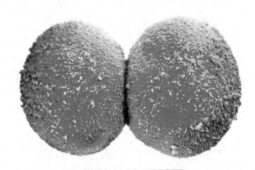

▲显微镜下的双细胞

显微镜的发现史

我们先来了解一下显微镜的发现历史。世界上最早的显微镜大约出现在 16 世纪末。据史料记载，1590 年的某日，荷兰朱德尔堡的眼镜商汉斯·简森在自己的店铺里观看儿子查卡里亚斯·简森玩弄镜片。无意中，他把两片凸镜玻璃片装到一个金属管子里，并用这个管子去看街道上的建筑物，并且增大了许多，他们惊异极了。老简森以一个商人的敏感性认真思索，反复实践，用大大小小的凸镜玻璃片做各种距离不等的配合，终于发明了世界上第一台显微镜。简森虽然是发明显微镜的第一人，但他却没有发现显微镜的真正价值。显微镜没有在研究中得到应用，所以简森的发明并没有引起世人的重视。

在时隔 90 多年后，荷兰人列文虎克又研究了显微镜，他是第一个观察到细菌等微生物的人。显微镜开始真正地用于科学研究试验。这个令世界震惊的小人物于 1632 年出生于荷兰德夫特一个普通工匠家庭，而后成为荷兰著名微生物学家。他在 90 多年的生涯中，对显微镜的研究表现出极大的热情。经过反复的试验，他终于又研制出多台更精制的显微镜。同时，他运用自制的显微镜，第一次发现了血液里的血液细胞和生物王

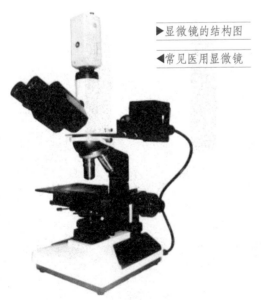

▶显微镜的结构图

◀常见医用显微镜

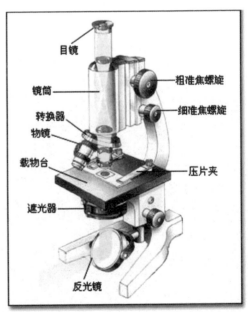

目镜
镜筒
转换器
物镜
载物台
遮光器
反光镜
粗准焦螺旋
细准焦螺旋
压片夹

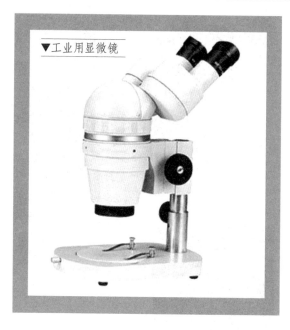
▼工业用显微镜

国中神奇多彩的微生物世界。他制造和收集了 250 多台显微镜和 400 多个透镜，最高可放大 200 ~ 300 倍。列文虎克将他从 1673 年开始的一系列显微镜下的观察结果寄给了位于伦敦的英国皇家学会。然而，他的研究成果并没有立刻对当时的医学观点产生影响。但之后他的成果终于被世界承认了。从此，微生物学——这一关系着人类生命与生活的重要学科，开始了突飞猛进的发展。

显微镜简介

了解了显微镜的发现和应用的历史，让我们来简单介绍显微镜的分类。显微镜是由一个透镜或几个透镜的组合构成的用于放大微小生物以便人们观察的一种光学仪器，是人类进入原子时代的标志。显微镜分光学显微镜和电子显微镜。

光学显微镜的种类很多，主要有：荧光显微镜和暗视野显微镜。现在的光学显微镜可把物体放大 1600 倍，分辨的最小极限达 0.1 微米。荧光显微镜是以紫外线为光源，使被照射的物体发出荧光的显微镜。暗视野显微镜使照明的光束不从中央部分射入，而从四周射向标本，从而具有暗视野聚光镜。

首先装配完成电子显微镜的，是德国的由克诺尔和哈罗斯卡。这种显微镜用高速电子束代替光束。由于电子流的波长比光波短得多，所以电子显微镜的分辨的最小极限达 0.2 纳米，放大倍数可达 80 万倍。电子显微镜是根据电子光学原理，用电子束和电子透镜代替光束和光学透镜，使物质的细微结构在非常高的放大倍数下成像的仪器。1963 年开始使用的扫描电子显微镜更可使人看到物体表面的微小结构。现在的电子显微镜最大放大倍率超过 300 万倍，所以通过电子显微镜我们就能直接观察到某些重金属的原子和晶体中排列整齐的原子点阵，从而可以感受到在显微镜下一个微观世界带给我们的震撼。

◀高倍显微镜

显微镜的构造

普通光学显微镜的构造主要分为机械、照明和光学三部分。显微镜的光学部位是显微镜的主要结构。物镜是决定显微镜性能的最重要部件，安装在物镜转换器上，接近被观察的物体，故叫作物镜或接物镜。目镜安装在镜筒的上端，它靠近观察者的眼睛。光器位于标本下方的聚光器支架上，它主要由聚光镜和可变光栏组成，也叫集光器。反光镜是一个可以随意转动的双面镜，直径为50毫米，一面为平面，一面为凹面，其作用是将从任何方向射来的光线经通光孔反射上来。平面镜反射光线的能力较弱，是在光线较强时使用，凹面镜反射光线的能力较强，是在光线较弱时使用。

电子显微镜镜筒中最重要的部件是电子透镜。它用一个对称于镜筒轴线的空间电场或磁场使电子轨迹向轴线弯曲形成聚焦，被称为电子透镜是因为其作用与玻璃凸透镜使光束聚焦的作用相

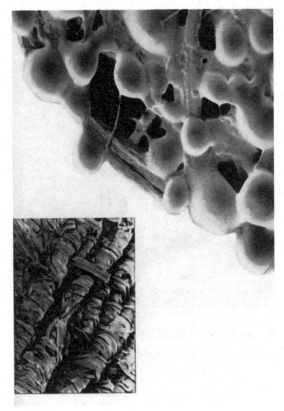

▲显微镜下的微观世界

似。现代的电子显微镜大多采用电磁透镜，这样就由很稳定的直流励磁电流通过带极靴的线圈产生的强磁场来使电子聚焦。所以电子显微镜能让我们看得更清楚。

使用显微镜的注意事项

1. 轻拿轻放，严忌单手提取显微镜，若需移动显微镜，务必将显微镜提起再放至适当位置，切勿推动显微镜。

2. 放置玻片标本时要对准通光孔中央，且不能反放玻片，防止压坏玻片或碰坏物镜。

3. 使用显微镜时座椅的高度应适当，要养成两眼同时睁开的习惯。以左眼观察视野，右眼用以绘图。

4. 显微镜使用前后皆以拭镜纸及95%酒精清洁所有镜头，擦拭显微镜镜头时只能用拭镜纸，切勿用其他纸张或手指接触镜头。擦拭时应沿单一直线方向轻拭，不可旋转摩擦。

5. 使用完毕后，必须复原才能放回镜箱内，步骤：取下标本片，转动旋转器使镜头离开通光孔，下降镜台，平放反光镜，下降集光器，关闭光圈，并将低倍镜对准载物台中央圆孔处，将电源线卷好，盖上防尘罩，并收入镜箱中。

X 射线帮助人们深入了解人体

随着科技的发展，人们诊治疾病的仪器也越来越多，越来越先进。CT、核磁共振、介入放射等这些放射性检查，不断用于临床医学，极大地提高了疾病的诊断率。这些仪器的检测通过 X 射线这双穿透的"法眼"来检查病人体内的各种异常。那么这些放射性射线是如何检测的呢？它们对人体有害吗？

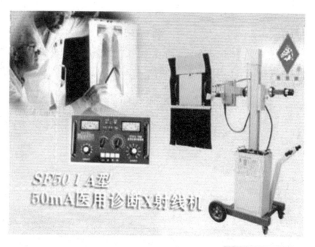

▲医用 X 射线机

X 射线的发现

X 射线也被命名为伦琴射线。从这个名称中我们就可以看出它的发现者是谁了。德国的伦琴教授在兴趣的指引下，研究当时还不知道是什么的射线，把它取名"X 射线"。他之前做过一次放电实验，为了确保实验的精确性，他事先用锡纸和硬纸板把各种实验器材都包裹得严严实实，并且用一个没有安装铝窗的阴极管让阴极射线透出。可是现在，他却惊奇地发现，对着阴极射线发射的一块涂有氰亚铂酸钡的屏幕（这个屏幕用于另外一个实验）发出了光，而放电管旁边这叠原本严密封闭的底片，现在也变成了灰黑色——这说明它们已经曝光了！他产生很大兴趣继续研究当时还不知道是什么的 X 射线。

▶简易 X 射线机

此后伦琴又有了进一步的发现：一个涂有磷光质的屏幕放在这种电管附近时，即发亮光；金属的厚片放在管与磷光屏中间时，即投射阴影；而比较轻的物质，如铝片或木片，平时不透光，在这种射线内投射的阴影却几乎看不见。伦琴又把一个完整的梨形阴极射线管包裹好，然后打开开关，他便看到了非常奇特的现象：尽管阴极射线管一点亮光也不露，但是放在远处的荧光板竟然"调皮"地亮了起来。看到那道奇妙的光线又被荧光板捕捉到了，他又有意识地把手放到阴极射线管和荧光板之间，一副完整的手骨影子又出现在荧光板上。伦琴终于明白，这种射线原来具有极强的穿透力和相当的硬度，可以使肌肉内的骨骼在磷光片或照片上投下阴影。他意识到，这种射线对于人类来说，虽然是个未知的领域，但是有可能具有非常大的利用价值。1895 年 12 月 28 日，伦琴把发现 X 射线的论文，和用 X 射线照出的手骨照片，一同送交维尔茨堡物理医学学会出版。这件事，成了

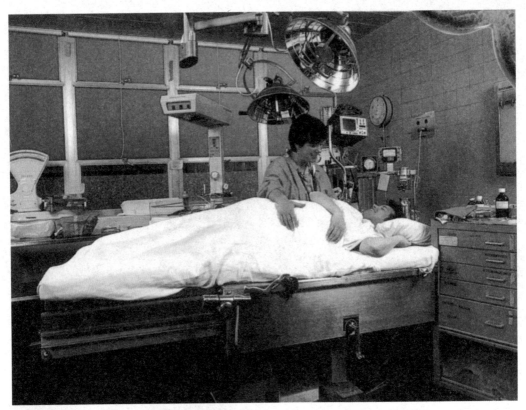

▲射线在现代医学中获得广泛使用

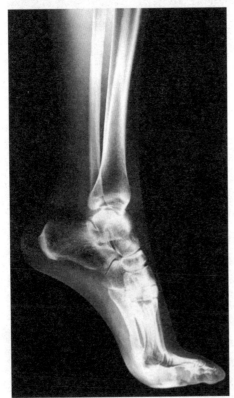

◀X射线下的脚部照片

轰动一时的科学新闻。从此，对于医学来说，X射线就成了神奇的医疗手段，开始为人类的医疗事业作出巨大的贡献。

X射线的特点

X射线管可以产生出能穿透人体的X射线。X射线管是具有阴极和阳极的真空管，阴极用钨丝制成，通电后可发射热电子，阳极（靶极）用高熔点金属制成（一般用钨，用于晶体结构分析的X射线管还可用铁、铜、镍等材料）。用几万伏至几十万伏的高压加速电子，电子束轰击靶极，X射线从靶极发出。电子束轰击靶极时会产生高温，故靶极必须用水冷却。有时靶极还会被设计成转动式的。

X 射线的应用

X 射线具有很强的穿透力，所以有着广泛的应用，它在医学上常被用作透视检查，在工业中被用来工程探伤。它就像给了人们一副可以看穿肌肤的"眼镜"，能够使医生的"目光"穿透人的皮肉透视人的骨骼，清楚地观察到人体内的各种生理和病理现象。X 射线可激发荧光、使气体电离、使感光乳胶感光，故 X 射线可用闪烁计数器和感光乳胶片、电离计等检测。晶体的点阵结构对 X 射线可产生显著的衍射作用，所以 X 射线衍射法已成为研究晶体形貌、结构和各种缺陷的重要手段。相信随着研究的深入，X 射线还会有更广范围的应用。

X 射线对人体有害吗

很多人会问 X 射线对人体有害吗？它会致癌吗？X 射线透视和摄影所用剂量是很小的，仅限在安全剂量之内。尤其是偶然做一次胸部透视，做一次胃肠道检查，拍一张骨骼 X 射线片或做一次血管造影，都不会引起不良反应。而且拍片所用的 X 射线剂量并非完全被人吸收，绝大部分是从人体中穿透的，只有很少一部分才被人体吸收，一次拍片人体所摄取的 X 射线剂量相当于看 1 小时电视所摄取的量。而胸透一次的剂量相当于拍片的 1.5 倍，如果要说到危害，那就是做一次胸透的损害等于抽 3 支烟。所以我们是不用过分担心的。但是人体过量地照射 X 射线后，会影响生理机能，造成染色体异常，导致癌症的发生。

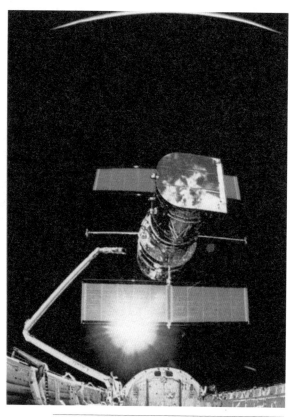

▲ X 射线的发现使人类制造出更先进的望远镜

哪些人不宜做 X 射线检查

孕妇在怀孕 3 个月以内就不宜做 X 射线检查。因为这个阶段的胎儿还未成形，孕妇如果过多地接受 X 射线，容易造成胎儿智力低下或小头症，导致出生后癌症的发病率提高。

儿童受到照射容易诱发甲状腺疾病，如果直接照射下腹部和性腺，容易造成成年后不孕不育。

日常生活中有些物体的 X 射线危害也是不能忽视的，例如不要让小孩子太接近家中正在工作中的微波炉；选用建筑材料时要仔细挑选，像辐射较大的花岗石就要慎用，从家庭的装修方面就要多多注意。

新解剖学揭开了人体内部面纱

　　人体解剖学 (Human Anatomy) 是一门研究正常人体形态和构造的科学，隶属于生物科学的形态学范畴。在医学领域，它是一门重要的基础课程，其任务是揭示人体各系统器官的形态和结构特征，各器官、结构间的毗邻和联属，其对临床医学具有非常重要的意义。新解剖学的兴起，不仅让人类更清楚地了解自己的身体构造，更为挽救无数人的生命作出了重要贡献。

人体解剖学兴起的背景

　　在西方，由于长期受宗教思想和传统观念的影响，人体解剖一直被教会严厉禁止。直到文艺复兴期间，各种科学研究蓬勃开展，解剖学在此期间也受到了深远的影响。人们又一次开始审视自然界，而不是简单地接受以古代理论或迷信思想为基础的知识，人体解剖实践也日益受到人们的尊重。正是在这样的大背景下，新解剖学才有了发展的沃土。

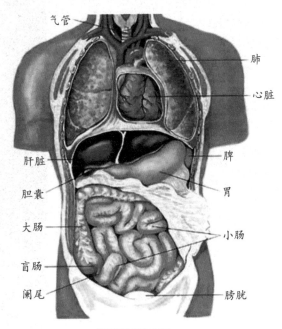

▲人体解剖图

气管　肺　心脏　脾　胃　小肠　膀胱　肝脏　胆囊　大肠　盲肠　阑尾

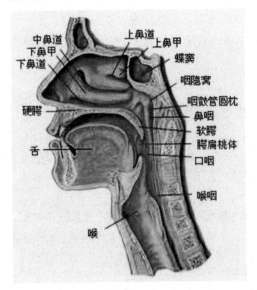

▼口鼻解剖

中鼻道　下鼻甲　下鼻道　上鼻道　上鼻甲　蝶窦　咽隐窝　咽鼓管圆枕　鼻咽　软腭　腭扁桃体　口咽　硬腭　舌　喉咽　喉

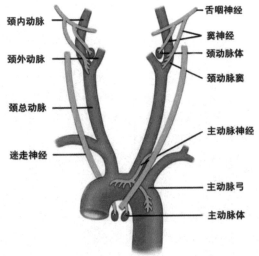

▼颈动脉窦和主动脉弓的压力感受器

颈内动脉　颈外动脉　颈总动脉　迷走神经　舌咽神经　窦神经　颈动脉体　颈动脉窦　主动脉神经　主动脉弓　主动脉体

安德烈·维萨里及新解剖学的创始

安德烈·维萨里（Andreas Vesalius）可以与哥白尼齐名，是科学革命的两大代表人物之一，他是著名的医生和解剖学家，近代人体解剖学的创始人。安德烈·维萨里于1514年生于尼德兰布鲁塞尔的一个医学世家，他在幼年时代就喜欢读有关医学方面的书，从书中他受到许多启发，并立下了当一名医生的志向。维萨里在青年时代求学于法国巴黎大学。但是，处在欧洲

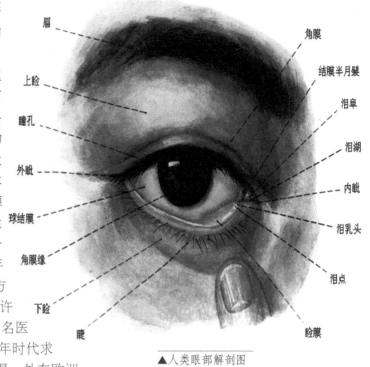

▲人类眼部解剖图

眉　上睑　瞳孔　外眦　球结膜　角膜缘　下睑　睫　角膜　结膜半月襞　泪阜　泪湖　内眦　泪乳头　泪点　睑膜

文艺复兴高潮时期的巴黎大学的医学教育却十分落后，学校仍将盖仑的著作奉为经典，宗教思想依旧统治着医学界。年轻的维萨里对这种现象极为不满。由于他勤奋好学，在自学过程中掌握了一定的解剖学知识，也积累了一些这方面的经验，所以他曾一针见血地指出盖仑解剖学中的错误和教学过程中的弊病，并决心改变这种现象，纠正盖仑解剖学中的错误观点。于是，他就挺身而出，亲自动手做解剖实验。他的行动，得到了同学们的赞扬和支持。当时和他一起做实验的还有他的同学塞尔维特。他们经常用解剖过程中的事实材料针对盖仑的某些错误观点展开争论，并给予纠正。17岁那年，维萨里进入卢万大学深造，然后去巴黎大

维萨里为真理付出的代价

维萨里对人体的构造作了真实可见的描述，使宗教所宣扬的灵魂—肉体的关系失去了寄托，它的革命性是显而易见的，因此也就必然会遭到攻击。教会和医学界的保守势力竭力攻击他违背《圣经》，完全是疯子，是"两脚驴"，是科学的叛徒和人体的罪人。这些保守势力非常强大，对维萨里的迫害也变本加厉，最后，维萨里不但不能再进行人体解剖，连大学教授的头衔也没能保住。遭此打击后，维萨里在绝望之余，烧毁了历年来的著作、手稿和札记，于1544年离开了帕多瓦，去了西班牙，但宗教势力仍然不肯放过他。据说有一次，一位自称在旁亲眼看到维萨里解剖的人，声称维萨里用活人解剖、杀人致死。宗教裁判所据此判处维萨里死刑。后由于国王腓力二世的干预，他总算免于死罪；但为平息宗教人士的情绪，他被派去耶路撒冷朝圣，忏悔自己的罪孽。

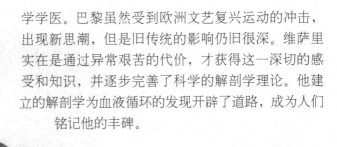

学学医。巴黎虽然受到欧洲文艺复兴运动的冲击，出现新思潮，但是旧传统的影响仍旧很深。维萨里实在是通过异常艰苦的代价，才获得这一深切的感受和知识，并逐步完善了科学的解剖学理论。他建立的解剖学为血液循环的发现开辟了道路，成为人们铭记他的丰碑。

《人体构造》是新解剖学建立的标志

1543 年，安德烈·维萨里在瑞士的巴塞尔出版了著作《人体构造》一书。在这部伟大的著作中，维萨里冲破了以盖仑为代表的旧权威们臆测的解剖学理论，以大量、丰富的解剖实践资料，对人体的结构进行了精确的描述。他在书中写道：解剖学应该研究活的、而不是死的结构。人体的所有器官、骨骼、肌肉、血管和神经都是密切相互联系的，每一部分都是有活力的组织单位。这部著作的出版，澄清了盖仑学派主观臆测的种种错误，从而使解剖学步入了正轨。可以说，《人体构造》一书是科学的解剖学建立的重要标志。

1564 年，维萨里在一次航行途中不幸遇险，死于地中海的赞特岛（Zante）。一年后的 1565 年，《人体构造》印了第二版，不到半个世纪，此书已经被人们普遍接受，成为欧洲医科学校的通用教材。科学史把解剖学分成三个时期：在维萨里之前，解剖仅是为了解决例如疾病或者刑事案件上的某一个具体疑问而进行；维萨里使解剖成为了解人体正常生理机制的科学；在维萨里的宏观解剖以后，显微镜的发明，开创了微观解剖的新时期。

▲人体基因组

浮力把人类托起

轮船在生活中已经很常见了，我们乘坐轮船漂洋过海，可以去游览大洋对面的很多国家。那么大的轮船可以浮在水面，可是一块铁块放到水里，转眼就沉下去了，这是什么原因呢？轮船的最大载重量又是如何计算出来的呢？这个原理是怎么被发现的呢？

▲古人利用浮力造船运物

浮力定律的发现

我们都会有这样的经验：当人在水里游泳时，会感到水对身体有一种向上托起的力；在水里提起一个重物，似乎它的重量比在陆地上变轻了。这就是浮力，它的发现者是古希腊的阿基米德。阿基米德帮助国王鉴定皇冠是不是纯金的时候，他冥思苦想终于用浮力原理查出金匠欺骗了国王。他还利用数学计算，确定了王冠中掺了银子，而且数量与阿基米德计算的结果一样。更为重要的是，阿基米德发现了浮力原理，即水对物体的浮力等于物体所排开水的重量。这件事告诉我们，阿基米德已经得出了"比重"概念，并用实验方法确定了一些物质的比重，从而纠正了之前人们对重量的错误观念。而这位古希腊科学家更被后人视为"理论天才与实验天才合于一体的理想化身"，文艺复兴时期的达·芬奇等人都曾以他为楷模。

阿基米德与皇冠的故事

阿基米德发现浮力定律有着很有趣的故事。公元前245年，赫农王给金匠一块金子让他做一顶纯金的皇冠。做好的皇冠尽管与先前的金子一样重，但国王还是怀疑金匠掺假了。他命令阿基米德鉴定皇冠是不是纯金的，但是不允许破坏皇冠。阿基米德一时也找不出解决的办法，心里十分焦急。一天他在洗澡时发现，他的身体浸在水中，要排开一定体积的水，他从浴盆中站起来，浴盆四周的水位下降；再坐下去时，浴盆中的水位又上升了。由此阿基米德突然想出了解决金冠难题的办法。他立即从澡盆中跳出来，边跑边喊Eureka！Eureka！意思是"我发现了"。阿基米德发现的方法是取来和王冠重量相等的一块纯金，再分别测量了金块和金冠各自排出的水的体积，由此就可判定王冠是否是纯金的。因为王冠若是纯金的，它排开的水的体积应该和金块相同。当把皇冠和同样重量的金子放进水里后，结果阿基米德发现皇冠排出的水量比金子的大，从而查出皇冠是掺假的。

浮力定律的原理

浮力指浸在液体（或气体）中的物体受到液体（或气体）对它向上托的力。产生原因是液体对物体的上、下的压力差。其方向为竖直向上。阿基米德原理的含义：浸在液体里的物体受到向上的浮力，浮力大小等于物体排开液体所受重力。即 $F_浮 = \rho_液 g V_排$。其中 $V_排$ 表示物体排开液体的体积。原理的使用范围为气体和液体之中。

▲古代人类已经学会制造、使用各种船只

浮力定律使钢铁轮船漂浮

铁块在水中会沉下去，是因为铁的密度要大于水的密度。它排开水的重量就小于它自身的重量。但根据阿基米德原理，当轮船所排开水的重量等于或大于它的自重，它就会浮起来。可以这么来理解，从体积的角度入手，做成空心的就可以使它排开水的体积大很多。最终当轮船排开的水的重力等于船的重量的时候，船就浮起来了。轮船虽然是钢铁做的，但是轮船只是一个钢壳子，与轮船内的空气等较轻的物质平均下来，单位空间内的质量——也就是整体密度，要小于水，所以能浮在水面上。这条物体浮沉的定律，改变了人类过去一直用木材造船的历史。

浮力的利用

（一）中国古代的浮力记载

中国在理论上虽没有多少浮力定律的建树，但古代文献中也有许多巧用浮力的记载。三国时期曹冲称象的故事早已为人所知。根据宋代费衮的《梁溪漫志》中的记载，怀丙所用的打捞沉入河底的铁牛的方法与现代的沉箱打捞技术无大差别。

中国古代对浮力问题的应用

《墨经·经下》记载："荆之大，其沉浅，说在具。""沉，荆之贝也。则沉浅，非荆浅也，若易五之一。"

《三国志·魏书》记载："邓哀王冲字仓舒，少聪察歧嶷，生五六岁，智意所及，有若成人之智。时孙权曾致巨象，太祖（曹操），欲知其斤重，访之群下，咸莫能出其理。冲曰：'置象大船之上，而刻其水痕所置，称物以载之，则校可知矣'。太祖大悦，即施行焉。"

宋代费衮的《梁溪漫志》中记载："河中府浮梁，用铁牛八维之。治平中，水暴涨，绝梁牵牛没于河，募能出之者。真定府僧怀丙以二大舟实土，夹牛维之，用大木为权衡状钩牛，除去其土，舟浮牛出。"

▲货舱

（二）浮力定律对造船业产生了深远的影响

钢铁轮船开始出现，并且万吨轮等也在工业上发挥着重要的作用。现在人们仍然用这个原理计算物体比重和测定船舶载重重量等。

船舶载重吨位

它表示的是船舶在运行中能够行驶的载重能力。载重吨位可分为总载重吨和净载重吨。

（1）总载重吨（Gross Dead Weight Tonnage）指船舶根据载重线标记规定所能装载的最大限度的重量。它等于船舶所载运的货物、船上所需的淡水、燃料以及其他储备物料重量的总和。总载重吨就是满载排水量减去空船排水量。

（2）净载重吨（Dead Weight Cargo Tonnage，缩写 D.W.C.T.）又称载货重吨，指船舶所能装运货物的最大限度重量。即从船舶的总载重量中减去船舶航行期间需要储备的淡水、燃料和其他储备物品的重量所得的结果。

▼利用浮力原理制成的潜水艇

蒸汽机让人类走进新时代

蒸汽机是将蒸汽的能量转换为机械能的一种机械。蒸汽机的出现，使人类第一次开始广泛地使用非人畜和自然力的动能，大大地提高了生产力，并由此引起了 18 世纪的工业革命。而提到蒸汽机的发明者，人们往往会想到瓦特，但是最早的蒸汽机并不是瓦特发明的，严格地说他是改良了蒸汽机，使之真正实用化。

▲早期蒸汽机

蒸汽机的出现

1688 年，法国物理学家德尼斯·帕潘，曾用一个圆筒和活塞制造出第一台简单的蒸汽机。但是，帕潘的发明没有实际运用到工业生产上。十年后，英国人托易斯·塞维利发明了蒸汽抽水机，主要用于矿井抽水。1705 年，纽克曼经过长期研究，综合帕潘和塞维利发明的优点，创造了空气蒸汽机。经过认真研究，瓦特发现纽克曼蒸汽机有许多缺陷，主要是燃料耗费太大，笨拙，应用的范围有限，只能用于矿井抽水和灌溉，瓦特决心造一台比它更好的蒸汽机。他对当时已出现的蒸汽机原始雏形作了一系列重大改进，发明了单缸单动式和单缸双动式蒸汽机，提高了蒸汽机的热效率和运行可靠性，对当时社会生产力的发展作出了杰出贡献。

瓦特生平

瓦特 1736 年 1 月 19 日生于英国格拉斯哥。童年时代的瓦特曾在文法学校念过书，然而没有受过系统教育。瓦特在父亲做工的工厂里学到许多机械制造知识，之后他到伦敦的一家钟表店当学徒。1763 年瓦特到格拉斯哥大学工作，修理教学仪器。在大学里他经常和教授讨论理论和技术问题。1781 年瓦特制造了从两边推动活塞的双动蒸汽机。1785 年，他也因蒸汽机改进的重大贡献，被选为皇家学会会员。1819 年 8 月 25 日瓦特在靠近伯明翰的希斯菲德逝世。他改良了蒸汽机，发明了气压表、气动锤。后人为了纪念他，将功率和辐射通量的计量单位称为瓦特，常用符号"W"表示。

在瓦特的讣告中，对他发明的蒸汽机有这样的赞颂："它武装了人类，使虚弱无力的双手变得力大无穷，健全了人类的大脑以处理一切难题。它为机械动力在未来创造奇迹打下了坚实的基础，将有助并报偿后代的劳动。"

蒸汽机的发明需要理论的支持

通常人们认为，发明家看见火炉上的锅盖被蒸汽顶起来就设计出了蒸汽机，其实并非那样简单。因为随着蒸汽压力增加，机械材料的加工和密封都是巨大的工艺技术难题。实际上，蒸汽机的雏形严格地说并不是靠蒸汽压力做功，而是靠蒸汽冷凝后形成局部真空，由外部大气压推动活塞做功。

▲早期蒸汽机的使用

这种原始机械被称作大气机，它的发明是以真空理论为基础的。到18世纪中叶，热力学在西方蓬勃发展。特别是1764年，科学家布莱克搞清了温度与热量间的不同和联系，提出了"潜热"理论，启发机械大师瓦特对低效率的大气机进行了划时代的改造，才诞生了我们现在常说的瓦特蒸汽机。

蒸汽机的广泛应用

自18世纪晚期起，蒸汽机不仅在采矿业中得到广泛应用，在冶炼、纺织、机器制造等行业中也都获得迅速推广。它使英国的纺织品产量在20多年内（从1766年到1789年）增长了5倍，为市场提供了大量消费商品，加速了资金的积累，并对运输业提出了迫切要求。

在船舶上采用蒸汽机作为推进动力的实验始于1776年，经过不断改进，至1807年，美国的富尔顿制成了第一艘实用的明轮推进的蒸汽机船"克莱蒙脱"号。此后，蒸汽机在船舶上作为推进动力历百余年之久。

1801年，英国的特里维西克提出了可移动的蒸汽机的概念，1803年，这种利用轨道的可移动蒸汽机首先在煤矿区出现，这就是机车的雏形。英国的斯蒂芬森将机车不断改进，于1829年创造了"火箭"号蒸汽机车，该机车拖带一节载有30位乘客的车厢，时速达46公里每小时，引起了各国的重视，开创了铁路时代。

▼瓦特发明的蒸汽机

19世纪末，随着电力应用的兴起，蒸汽机曾一度作为电站中的主要动力机械。1900年，美国纽约曾有单机功率达五兆瓦的蒸汽机电站。

蒸汽机的发展

简单蒸汽机主要由汽缸、底座、活塞、曲柄连杆机构、滑阀配汽机构、调速机构和飞轮等部分组成，汽缸和底座是静止部分。从锅炉来的新蒸汽，经主

蒸汽机之后的新机器

蒸汽机有很大的历史作用，它曾推动了机械工业甚至社会的发展。随着它的发展而建立的热力学和机构学为汽轮机和内燃机的发展奠定了基础：汽轮机继承了蒸汽机以蒸汽为动力的特点，和采用凝汽器以降低排汽压力的优点，摒弃了往复运动和间断进汽的缺点；内燃机继承了蒸汽机的基本结构和传动形式，采用了将燃油直接输入汽缸内燃烧的方式，形成了热效率高得多的热力循环。同时，蒸汽机所采用的汽缸、活塞、飞轮、飞锤调速器、阀门和密封件等，均是构成多种现代机械的基本元件。

▲蒸汽机轮船模型

汽阀和节流阀进入滑阀室，受滑阀控制交替地进入汽缸的左侧或右侧，推动活塞运动。

蒸汽机的发展首先体现在功率和效率的提高上，而这又主要取决于蒸汽参数的提高。初期蒸汽机的蒸汽压力仅为 0.11 ~ 0.13 兆帕，19 世纪初才达到 0.35 ~ 0.7 兆帕，20 世纪 20 年代曾达到 6 ~ 10 兆帕。在蒸汽温度上，19 世纪末还不超过 250℃，而到 20 世纪 30 年代曾达到 450 ~ 480℃。

至于效率，瓦特初期连续运转的蒸汽机，按燃料热值计总效率不超过 3%；到 1840 年，最好的凝汽式蒸汽机总效率可达 8%；到 20 世纪，蒸汽机最高效率可达到 20% 以上。

在转速方面，18 世纪末瓦特蒸汽机仅 40 ~ 50 转／分；20 世纪初转速达到 100 ~ 300 转／分，个别蒸汽机曾达到 2500 转／分。在功率方面，最初单机功率仅几马力，20 世纪初的一台船用蒸汽机的功率可达 25000 马力。

随着蒸汽参数和功率的提高，蒸汽已不可能在一个汽缸中继续膨胀，还必须在相连接的汽缸中继续膨胀，于是出现了多级膨胀的蒸汽机。蒸汽机因受到润滑油闪点的限制，所以蒸汽的最高温度一般都不超过 400℃，机车，船用等移动式蒸汽机还略低一些，多数不高于 350℃。考虑到膨胀的可能性和结构的经济性，常用压力在 2.5 兆帕以下。蒸汽参数受到限制，从而也限制了蒸汽机功率的进一步提高。

蒸汽机的发展在 20 世纪初达到了顶峰。它具有恒扭矩、可变速、可逆转、运行可靠、制造和维修方便等优点，因此曾被广泛用于机车和船舶等各个领域中，特别在军舰上成了当时唯一的原动机。

▼运行中的蒸汽机火车

纳米技术改变生活

在现代生活中，经常能听到纳米材料。从电视广播、书刊报纸、互联网中，我们一点点认识了"纳米"，这个既陌生又熟悉的事物确实对我们产生影响。那么什么是纳米技术？纳米技术又研究什么问题呢？纳米材料又与平常的材料有什么区别呢？

▲新型纳米技术原料

纳米技术

纳米技术的全称是纳米科学与技术，是研究结构尺寸在 1 至 100 纳米范围内材料的性质和应用，以及原子、分子和其他类型物质的运动和变化的学问。而纳米是长度单位，原称毫微米，就是 10 的 -9 次方米（即 10 亿分之一米）。4 倍的原子大小，更形象一些就是万分之一的头发粗细。人们研究和开发纳米技术的目的，就是要实现对整个微观世界的有效控制。纳米技术是一门交叉性很强的综合学科，研究的内容涉及现代科技的广阔领域。

纳米技术的研究内容

纳米技术有着广泛的研究内容，包括创造和制备优异性能的纳米材料，探测和分析纳米区域的性质和现象，设计、制备各种纳米器件和装置。当前纳米技术的研究和应用主要在电子和计算机技术、环境和能源、材料和制备、生物技术和农产品、微医学与健康、航天和航空等方面。纳米技术是一门交叉性很强的综合学科，有些目标需要长时间的努力才会实现。纳米科技现在已经包括纳米电子学、纳米机械学、纳米生物学、纳米化学、纳米材料学等学科。人类的研究正越来越向微观世界深入，从包括微电子等在内的微米科技到纳米科技，人们认识、改造微观世界的水平提高到前所未有的高度。

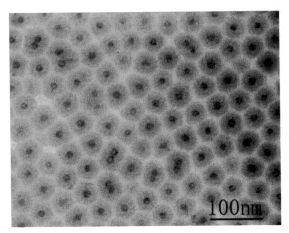

100nm

◀磁性纳米材料

纳米材料的特点

微观世界会给我们带来什么变化呢？当物质到纳米尺度以后，是在 1 ～ 100 纳米这个范围空间，物质的性能就会发生突变，出现特殊性能。这种既不同于原来组成的原子、分子，也不同于宏观的物质的特殊性能构成的材料，即纳米材料。第一个真正认识到它的性能并引用纳米概念的是日本科学家，他们在 20 世纪 70 年代用蒸发法制备超微离子，并通过研究它的性能发现：铁钴合金，把它做成 20 ～ 30 纳米大小，磁畴就变成单磁畴，它的磁性要比原来高 1000 倍。将一个导热、导电的铜、银导体做成纳米尺度以后，它就失去原来的性质，表现出既不导热、也不导电。在 80 年代中期，人们就正式把这类材料命名为纳米材料。采用纳米技术研制的器材和设备，具有结构简单、可靠性高、成本低等诸多优势。所以我们看出物质达到纳米尺度以后，它的特性就可以被改变，而利用这些改变就可以使纳米技术为生活服务。

纳米材料在生活中的应用

科学界的努力，使"纳米"走进百姓的生活中。它已不再是冷冰冰的科学词语，而是走出实验室，渗透到了人们的衣、食、住、行中。化纤布料制成的衣服因摩擦容易产生静电，在生产时加入少量的金属纳米微粒，就可以摆脱烦人的静电现象。同样，由于人体长期受电磁波、紫外线照射，会导致各种发病率增多或影响正常生育。现在，加入纳米技术的高效防辐射服装——高科技电脑工作装和孕妇装问世了。科技人员将纳米大小的抗辐射物质掺入到纤维中，制成了可阻隔 95% 以上紫外线或电磁波辐射的"纳米服装"，而且不挥发、不溶水，持久保持防辐射能力。并且，现代居室环境日益讲究环保，传统的涂料耐洗刷性差，时间不长，墙壁就会变得斑驳陆离。现在有了加入纳米技术的新型油漆，不但耐洗刷性提高了十多倍，而且有机挥发物极低，无毒无害无异味，有效解决了建筑物密封性增强所带来的有害气体不能尽快排出的问题，既美观又环保，让人们远离装修污染。

▲纳米材料试验机

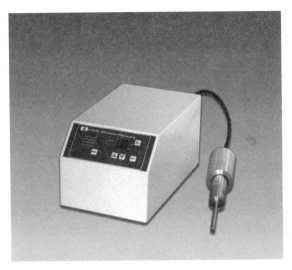

▲医学仪器

在医学方面纳米技术也大展手脚。纳米药物可以治病救人。把药物与磁性纳米颗粒相结合，病人服用后，这些纳米药物颗粒可以自由地在血管和人体组织内运动。通过在人体外部施加磁场加以导引，就可以使药物集中到患病的组织中，药物治疗的效果会大大提高。也就是应用纳米技术可将基因和药物带到身体指定部位，使药物对病区"指哪儿打哪儿"。纳米颗粒可用于人体的细胞分离，也可以用来携带DNA治疗基因缺陷症，还可利用纳米药物颗粒定向阻断毛细血管，从而"饿"死癌细胞。目前已经用磁性纳米颗粒成功地分离了动物的癌细胞和正常细胞，在治疗人的骨髓疾病的临床试验上获得成功，前途不可限量。这让我们对一些疾病的治疗充满信心。

在航天领域，纳米技术的应用前景也十分广阔。2005年俄罗斯发射了一颗远距离探测地球的纳米卫星，仅重5千克，它的体积比家用奶粉桶略大一些。这颗卫星上的数码相机照片分辨率可达50米以上，拍摄视野宽度达290千米。地面控制人员可频繁地与"纳米卫星"联系，甚至像用手机打电话那样快捷。卫星上的无线电发射器可以将照片传回地面，购买这颗卫星使用权的用户只要用小型接收站就可以自己接收卫星信息。由于它的生产成本低，同时又有极强的军事用途和生存能力，所以受到各国的青睐。很多国家都在加强这方面的研究。

▼介绍纳米材料的教材

白色污染也遭遇到"纳米"的有力挑战

为了解决污染环境的"白色垃圾"，科学家将可降解的淀粉和不可降解的塑料通过特殊研制的设备粉碎至"纳米级"后，进行物理结合。用这种新型原料，可生产出100%降解的农用地膜、一次性餐具、各种包装袋等类似产品。农用地膜经4至5年的大田实验表明：70到90天内，淀粉完全降解为水和二氧化碳，塑料则变成对土壤和空气无害的细小颗粒，并在17个月内同样完全降解为水和二氧化碳。专家评价说，这是彻底解决白色污染的实质性突破。相信随着纳米技术的发展，人类能有效地治理污染，保护我们的家园。

温室效应是全球变暖的原因之一

"温室效应"这个词让人们想到最多的就是环境污染、全球变暖。到底什么是温室效应呢？它与全球变暖又有着什么样的联系呢？

▲城市污染

温室效应的含义

首先，温室的意思大家并不陌生。它有两个特点：温度较室外高，不散热。生活中我们可以见到的玻璃育花房和蔬菜大棚就是典型的温室。温室效应，又称"花房效应"，是大气保温效应的俗称。大气中的二氧化碳浓度增加，阻止地球热量的散失，使地球发生可感觉到的气温升高，因其作用类似于栽培农作物的温室，故名温室效应。

温室效应的形成

地球的表面有着厚厚的大气层。大气能使太阳短波辐射到达地面，但地表向外放出的长波热辐射线却被大气吸收，这样就使地表与低层大气温度增高，形成温室效应。如果大气不存在这种效应，那么地表温度将会下降。反之，若温室效应不断加强，全球温度也必将逐年持续升高。据估计，如果没有大气，地表平均温度就会下降到 $-23℃$，而实际地表平均温度为 $15℃$，这就是说温室效应使地表温度提高 $38℃$。这维持着地球表面的温度，使之适宜人类的生存。在这种环境中，温室效应是一个中性词，指大气层中时刻存在的一种自然现象。

▼温室效应导致冰川融化

但是自工业革命以来，人类向大气中排入的二氧化碳等吸热性强的温室气体逐年增加，大气的温室效应也随之增强，已引起全球气候变暖等一系列严重问题。这引起了全世界各国的关注。所以现在对地球表面变热的现象的研究使人们更加关注由环境污染引起的温室效应。其主要是由于现代化工业社会过多燃烧煤炭、石油和天然气，这些燃料燃烧后放出大量的二氧化碳气体进入大气造成的。当然，形成温室效应的气体很多，除二氧化碳外，还有其他气体，如甲烷、一氧化氮。

温室效应的影响

环境污染引起的温室效应会产生严重的后果。美国国家航空和航天局的最新数据显示，格陵兰岛每年流失的冰体积达 221 立方千米，时下的流失速

▲温室效应导致冰山融化

度是 1996 年的两倍。2002 年，南极洲的拉森 B 冰架断裂，这块面积达 3250 平方千米的巨型"冰块"在 35 天内融化得不见踪影。科学家预测：如果地球表面温度的升高按现在的速度继续发展，到 2050 年全球温度将上升 2～4 摄氏度，南北极地冰山将大幅度融化。全球变暖也会造成温度带改变，热寒带扩大，温带缩小，气候反常，海洋风暴增多，给农业造成损害，同时土地干旱，沙漠化面积增大，而海洋也会受到很大影响，海洋生物的生活环境遭到改变，会大量死亡或被迫迁徙，这给渔业带来一定损害。南北极的冰山融化还会导致一系列的后果。比如，使海平面大大上升，一些岛屿国家和沿海城市将淹于水中。这将淹没沿海陆地，造成土地资源浪费，特别是沿海城市与耕地资源。全球第一个即将被海水淹没的有人居住岛屿——位于南太平洋国家巴布亚新几内亚的岛屿卡特瑞岛，卡特瑞岛居民不得不离开家乡，迁往附近岛屿，该岛居民是气候变化造成的第一批迁徙者。

温室效应可使史前致命病毒威胁人类

北极的冰山融化还可能会导致史前致命病毒威胁人类。纽约锡拉丘兹大学的科学家在《科学家杂志》中指出，一系列的流行性感冒、小儿麻痹症和天花等疫症病毒可能藏在冰块深处，目前人类对这些原始病毒没有抵抗能力，当全球气温上升令冰层融化时，这些埋藏在冰层千年或更长时间的病毒便可能会复活，形成疫症。早前人们发现一种植物病毒TOMV，由于该病毒在大气中广泛扩散，推断在北极冰层也有其踪迹。研究人员从格陵兰抽取4块年龄由500至14万年的冰块，结果在冰层中发现TOMV病毒。研究人员指该病毒表层被坚固的蛋白质包围，因此可在逆境中生存。科学家表示，虽然他们不知道这些病毒能否适应地面新的环境，但肯定不能抹杀病毒卷土重来的可能性。所以温室效应得不到有效的遏制将会对人类生存产生巨大影响。

温室效应与全球变暖

大家最关心的问题就是温室效应与全球变暖的关系。"温室效应"与"全球变暖"的含义曾经是等同的。现在两者的含义有了很大的不同。全球变暖指一种有可能避免的大气环境问题，是一种生态破坏。它的形成有多种因素，概括起来有人口剧增、大气环境污染、海洋生态环境恶化、有毒废料污染、酸雨危害等。地球周期性公转轨迹由椭圆形变为圆形轨迹，距离太阳更近。根据某科学家的研究，地球的温度曾经出现过高温和低温的交替，也是有一定的规律性的。但不可否认的是，温室效应是全球变暖的原因之一。

如何遏制温室效应

温室效应对地球、人类将会产生重大的恶果，那么我们怎样遏制温室效应呢？由于温室效应的形成是由于燃烧煤、石油、天然气等化石燃料，使得产生的二氧化碳在大气层中迅速积聚，比二氧化碳少得多但是同样有害的氯氟化碳等气体也迅速增多。所以遏制温室效应就要减少二氧化碳的排放量，这是涉及全球的问题，就需要所有的国家联合起来，共

▼植物可缓解温室效应

▲温室效应是引起恶劣气候的原因之一

同做出努力。为了遏制温室效应，防止全球性的灾害发生，1997年12月，在日本京都召开的《联合国气候变化框架公约》缔约方第三次会议通过了《京都议定书》。这个条约旨在限制发达国家温室气体排放量以抑制全球变暖。所以，当前第一步也是最重要的一步应首先贯彻落实自2005年2月16日起生效的《京都议定书》。发达国家应该更积极承担起责任，在技术、资金等方面给予发展中国家帮助。

　　我们个人也要从自我做起，来减少大气中过多的二氧化碳。一方面我们要保护好森林和海洋，比如不让海洋受到污染以保护浮游生物的生存，不乱砍滥伐森林。我们还可以通过植树造林，节约纸张，不践踏草坪，减少使用一次性方便木筷等行动来保护绿色植物，使它们多吸收二氧化碳来帮助减缓温室效应。另一方面需要人们尽量节约用电（因为发电烧煤），少开汽车；地球上可以吸收大量二氧化碳的是海洋中的浮游生物和陆地上的森林，尤其是热带雨林。所以，在自己日常生活中，注意爱护环境，保护我们的家园。

《京都议定书》的减排规定

　　到2010年，所有发达国家二氧化碳等6种温室气体的排放量，要比1990年减少5.2%。具体说，各发达国家从2008年到2012年必须完成的削减目标：与1990年相比，美国削减7%、欧盟削减8%、东欧各国削减5%～8%、加拿大削减6%、日本削减6%。新西兰、俄罗斯和乌克兰可将排放量稳定在1990年水平上。议定书同时允许挪威、澳大利亚和爱尔兰的排放量比1990年分别增加1%、8%和10%。

杠杆让人类力量倍增

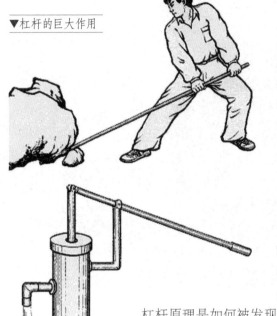

▼杠杆的巨大作用

当我们搬东西挪不动的时候，会想到用个棍子去撬一下，这样或许就可以了。为什么一根棍子就可以让我们的力量陡然增大？因为这根有了支点的棍子成了杠杆。这个看似简单的动作中隐含着杠杆原理。这个原理有什么含义呢？那生活中还有用到这个原理的地方吗？

杠杆原理的提出

首先一根很普通的棍子怎么就成为了杠杆呢？其实很简单，一根硬棒，在力的作用下能绕着固定点转动，这根硬棒就是杠杆了。跷跷板、剪刀、扳子、撬棒等，都是杠杆。所以生活中有着很多的杠杆。

杠杆原理是如何被发现的呢？古希腊科学家阿基米德首先把杠杆实际应用中的一些经验知识当作"不证自明的公理"，然后从这些公理出发，运用几何学通过严密的逻辑论证。这些公理是在没有重量的杆的两端离支点相等的距离处挂上重量相等的物体，杠杆将平衡；在没有重量的杆的两端离支点不相等距离处挂上相等重量的物体，距离远的一端将下倾；在没有重量的杆的两端离支点相等的距离处挂上重量不相等的物体，重的一端将下倾。正是从这些生活中的公理出发，在"重心"理论的基础上，阿基米德发现了杠杆原理，即"二重物平衡时，它们离支点的距离与重量成反比"。阿基米德在《论平面图形的平衡》一书中最早提出了杠杆原理。

杠杆原理

杠杆原理也被称作"杠杆平衡条件"。欲使杠杆保持平衡，作用在杠杆上的两个力（动力点、支点和阻力点）的大小跟它们的力臂成反比。动力 × 动力臂 ＝ 阻力 × 阻力臂。从上式可看出，要使杠杆达到平衡的话，动力臂是阻力臂的几倍，那么动力就是阻力的几分之一。

▼古人利用杠杆原理取水

杠杆原理的含义

是不是所有的杠杆都会省力呢？杠杆的支点不一定要在中间，满足下列三个点的系统，基本上就是杠杆：支点、施力点、受力点。杠杆的平衡不仅与动力和阻力有关，还与力的作用点及力的作用方向有关。在使用杠杆时，为了省力，就应该用动力臂比阻力臂长的杠杆；如想省距离，就应该用动力

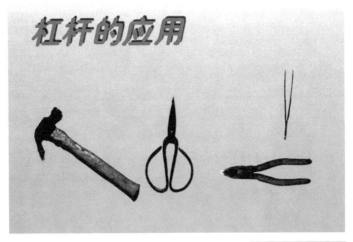

▲不同作用的杠杆

臂比阻力臂短的杠杆。因此使用杠杆可以省力，也可以省距离。但是，要想省力，就必须多移动距离；要想少移动距离，就必须多费些力。要想又省力而又少移动距离，是不可能实现的。这就要结合我们的实际需要，看看是要省力还是省距离，从而选择不同的杠杆。

阿基米德对杠杆的应用

古希腊科学家阿基米德进行过力学方面的研究，并将其运用于杠杆和滑轮的机械设计，他还曾经为保卫国家奉献自己的"神力"。在保卫叙拉古免受罗马海军袭击的战斗中，阿基米德曾用秘密武器把罗马人阻于叙拉古城外达3年之久。经过这场大战，罗马人损兵折将，白白丢了许多武器和战船不说，最不能理解的就是连阿基米德的面都没见到。那阿基米德到底造出了什么让罗马人大败而归呢？原来他制造了一些特大的弩弓——发石

▼用杠杆撬动大树

机。这么大的弓，人是根本拉不动的，但他利用了杠杆原理，只要将弩上转轴的摇柄用力扳动，那与摇柄相连的牛筋又拉紧许多根牛筋组

成的粗弓弦，拉到最紧时再突然一放，弓弦就带动载石装置，把石头高高地抛出城外，可落在1000多米远的地方。他就是这样借助杠杆的"神力"战胜了敌人。

生活中的杠杆

生活中的杠杆的应用有很多，省力的、改变用力方向的等。第一种杠杆例如：剪刀、钉锤、拔钉器……杠杆可能省力可能费力，也可能既不省力也不费力。这要看力点和支点的距离：力点离支点愈近就愈费力，愈远则愈省力；还要看重点（阻力点）和支点的距离：重点离支点越远就越费力，越近则越省力；如果重点、力点距离支点一样远，如定滑轮和天平，只是改变了用力的方向，就不省力也不费力。第二种杠杆例如：榨汁器、开瓶器……这种杠杆力点一定比重点距离支点近，所以永远是省力的。杠杆原理并不是简单使用一根棍子来撬东西。比如水井上的辘轳把，它的支点是辘轳的轴心，重臂是辘轳的半径，它的力臂是摇柄，摇柄一定要比辘轳的半径长，打起水来就很省力。再比如自行车的链盘，虽然从外表看不出来有"杆"，但是通过前后链盘的半径比，同样省力的原理。所以杠杆在生活中有非常多的应用。

▼应用杠杆原理的辘轳

林奈建立植物分类法

植物分类法是采用自然分类法，这种分类方法以植物的外部形态为分类依据，以植物之间的亲疏程度作为分类的标准。判断亲疏的程度，是根据植物之间相同点的多少，这样的分类方法就叫作自然分类法。从进化学说得知，类型众多的植物种类，实际上是大致同源的。物种之间相似程度的差别，能够显示出它们亲缘关系上的远近。

林奈其人

1727 年，林奈进入德隆大学，后又转入瑞典最古老的大学——乌普萨拉大学。三年后，林奈成为该大学的植物学助教，负责组织讲课时在大学植物园内进行植物试验论证。这一时期，林奈尝试将收集到的植物进行系统分类。他的规则便是根据花中雌蕊和雄蕊的数量、相对大小和位置进行分类。这为后来的"双名法"分类系统奠定了基础。

1735 年至 1753 年，林奈陆续出版了《自然体系》《植物种志》等著作，建立了以生殖器官为分类依据的分类法，并创造了"双名法"。林奈的变革相当彻底，其他国家的学者起初对待这种变革持相当谨慎的态度。圣彼得堡科学院阿曼教授给他写信说："如果每个人都认为自己的职责在于一旦觉得需要就宣布新的定律，并且废除前人使用的名姓，那将发生什么情况！"当时英国最伟大的植物学家第伦纽斯在致林奈的信中则称繁殖差异是"一派胡言"。然而众多的争议依然无法掩盖林奈分类法的优点。

▲林奈画像

中国古代的生物分类法

中国的精神领袖孔子说，"必也正名乎"。安身立命是如此，生物研究也是如此。如果不能对世界万物进行准确分类、命名，一切活动都将受到影响。

因此，古代中国人很早就建立了一套中式生物分类法。这种分类可以追溯到我国第一部词典《尔雅》。在这部书中，编撰者用草、木、虫、鱼、鸟、兽六个门类来概括整个动植物界。其中，植物分为草本和木本两类，和现在分类学的认识基本一致。而关于虫、鱼、鸟、兽的分法，也成为古代中国最经典性的动物学分类。

三国时期陆机注释《诗经》中的动植物知识，就直接用草木虫鱼鸟兽作为书名。明代，李时珍把动物药品分为虫、鳞、介、禽、兽、人等类，基本上也是承袭了《考工记》中所反映的分类方式，但是在排列次序上却表现了动物由低级到高级的发展顺序。

林奈的双名法

林奈建立的分类法至今仍是生物分类最常用的方法。现代的动植物分类法，最终由瑞典植物学家林奈（Carolus Linnaeus）设计出来。他把大自然分为矿物界、植物界和动物界三界。他把相似的植物或动物归并成种，相似的种归并成属，相似的属归并成科，相似的科归并成目，相似的目归并成纲，于是形成界→门→纲→目→科→属→种这样的分类系统。同一类型的生物具有共同的属性，同一层中不同类型的生物则彼此分殊。

林奈的分类法之所以能够成为目前最通行的分类法，更重要的还在于林奈在分类法

▲名贵植物红豆杉

▼灌木

▼花卉

多子斑马　　龙舌兰　　天鹅绒　　变叶木

吊绿萝　　龟背竹　　孔雀竹芋　　龟甲冬青

幸福树　　佛肚竹　　文竹　　金枝玉叶

斑马万年青　　红掌　　大牵牛花　　散尾葵

▲各种花卉

中，首次连续采用了双名命名法，按照这种方法，每种植物用两个拉丁名称（属名和种名）表示，由于他所用的命名方法简单，因而减轻了植物学家的论述工作，各种植物也有了明显的特征和名称。

从前的分类法（以叙述果实、花萼或花冠为基础）极不完善，而且没有包括所有积累下来的资料。尽管此前也有植物学家根据植物繁殖器官的特征进行分类，但是林奈的分类法更为系统，它比较简略，重要的是包括了全部植物，因此保证了自身能够获得成功。中国科学院植物研究所王文采研究员指出，就在人类只能认识狭小空间时，林奈早已将自己的眼光投向了世界各地。在他那经典的17卷本《世界植物志》中，光是中国的植物就有四五十种。"这种世界性的关注，直到现在都很难做到。"更为重要的是，林奈分类法背后站着的是当时流行解剖学的科学依据。

黑猩猩 Pan troglodytes 分类的故事

美国耶鲁大学教授西布利（CharlesSibley）等研究者从1973年开始使用DNA技术进行动物分类研究。20世纪80年代以来，他们开始研究比对灵长目动物的DNA。结果发现，在黑猩猩、倭黑猩猩、大猩猩与人类中，黑猩猩与倭黑猩猩两种最为接近，只有0.7%的差异。而人类与这两种黑猩猩之间的差异，则仅为1.6%。人与黑猩猩之间的DNA差异远小于很多其他被归在同一属内的动物。一些科学家因此提出，按照目前的分类法，人类是灵长目人科人属的唯一物种。但从人与黑猩猩的DNA相似性来看，人不可能独立成科，甚至不可能独立成属，而应该与另外两种黑猩猩归入同一属。

现在的问题是，林奈确立的动物分类法后来衍生出一个重要的规则，即优先命名规则。根据《动物命名国际公约》，人属（Homo）这个属名先于黑猩猩属出现，所以，黑猩猩与倭黑猩猩都应该归于此属，获得"人"的合法地位。很显然，这是一个大多数人无法接受的要求。

电灯让我们的黑夜充满光明

电灯，一件妇孺皆知的物品，在我们日常生活中最普通不过。可是很多人并不知道，就在 100 多年前，地球的夜晚到处都还是漆黑一片。电灯的出现，意味着人们又有一轮"太阳"，人们的活动不再受到黑夜的制约了。那么电灯到底是什么时候被谁发明并使用的呢？

电灯的发明

在电灯问世以前，人们普遍使用的照明工具是蜡烛、煤油灯或煤气灯。这种灯因燃烧煤油或煤气，所以有浓烈的黑烟和刺鼻的臭味，并且要经常添加燃料，擦洗灯罩，使用起来很不方便，而且光线也比较有限。更严重的是，这种照明方式很容易引起火灾，酿成大祸。多少年来，很多科学家想尽办法，想发明一种既安全又方便的灯。

▲爱迪生像

1821 年，英国的科学家戴维和法拉第发明了一种叫电弧灯的电灯。它虽然能发出亮光，但是光线刺眼，耗电量大，寿命也不长，因此很不实用。1877 年，美国发明家托马斯·阿尔瓦·爱迪生开始了改革弧光灯的试验，提出了要搞分电流，变弧光灯为白光灯。爱迪生在认真总结了前人制造电灯的失败经验后，制订了详细的试验计划，分别在两方面进行试验：一是分类试验 1600 多种不同耐热的材料；二是改进抽空设备，使灯泡有高真空度。他还对新型发电机和电路分路系统等进行了研究。经历了无数次的失败，但是他毫不气馁，终于将棉纱变成了可用作灯丝材料的炭。他小心地把这根

▶早期电灯泡

▶ 新式灯泡

▶ 电灯出现以前的油灯

炭丝装进玻璃泡里，一试验，效果果然很好。灯泡的寿命一下子延长13个小时，后来又达到45个小时。就这样，世界上第一批炭丝的白炽灯问世了。1879年末，爱迪生电灯公司所在地洛帕克街灯火通明。最后，爱迪生把炭化后的竹丝装进玻璃泡，通上电后，这种竹丝灯泡竟连续不断地亮了1200个小时！终于点燃了世界上第一盏有实用价值的电灯。

"发明大王"爱迪生

众所周知，托马斯·爱迪生是一位伟大的发明家，他一生总共获得1093项发明专利，是实行专利制度以来获得个人专利最多的人。1847年2月11日，爱迪生生于美国俄亥俄州的米兰镇。他一生只在学校里念过三个月的书，12岁时，便沉迷于科学实验之中，他勤奋好学、勤于思考，发明创造了电灯、留声机、电影摄影机等，被后人赞誉为"发明大王"。他的名言"天才是百分之九十九的勤奋加百分之一的灵感"一直激励着人们勤奋努力。爱迪生不会随着时光流走而被人们遗忘，他的一生是光荣的，他的一切是为人类的。

电灯的工作原理

电灯是将电能转化为光能，以提供照明的设备。目前常见电灯的工作原理：电流通过灯丝（钨丝，熔点达3000多摄氏度）时产生热量，螺旋状的灯丝不断将热量聚集，使得灯丝的温度达2000摄氏度以上，灯丝在处于白炽状态时，就像烧红了的铁能发光一样而发出光来。灯丝的温度越高，发出的光就越亮。

从能量的转换角度看，电灯发光时，大量的电能将转化为热能，只有极少一部分可以转化为有用的光能。电灯发出的光是全色光，但各种色光的成分比例是由发光物质（钨）以及温度决定的。比例不平衡就导致了光的颜色的偏色，所以在白炽灯下物体的颜色不够真实。

电灯的新发明

"重力电灯"依靠重力产生电力，其亮度相当于一个12瓦的日光灯，且使用寿命长。

来自美国弗吉尼亚州的克雷·毛尔顿，在弗吉尼亚

▲灯光明亮的夜景

科技大学获得了硕士学位。他的研究课题是一种使用发光二极管制成的灯具,这种灯具被命名为"格拉维亚",它事实上是一个高度略大于 4 英尺(约 1.21 米)、由丙烯酸材料做成的柱体。这种灯具的发光原理:灯具上的重物在缓缓落下时带动转子旋转,由旋转产生的电能将给灯具通电并使其发光。

这种灯具的光通量为 600 至 800 流明(相当于一个 12 瓦日光灯的亮度),持续时间为 4 小时。要打开灯具,操作者只需将灯上的重物从底端移到顶部,将其放进顶部的凹槽里。让重物缓缓下降,只需几秒钟,这种发光二极管灯具即被点亮。

克雷·毛尔顿说,操作这种灯当然要比按开关麻烦,但仍可接受,而且更显有趣,这就好比给一款古典的钟表上弦或悠然自得地冲上一杯可口的咖啡。毛尔顿估计,格拉维亚灯具的使用寿命可以达到 200 年以上。目前,这种名为"格拉维亚"的灯具已经申请并获得了专利。

◀电灯让我们的黑夜充满光明

爱迪生发明电灯的最初动机

一个大雪天的夜晚,爱迪生的妈妈突然生病了,爸爸急忙找来医生。医生说:"你妈妈得了急性阑尾炎,需要开刀做手术。"那时候只有油灯没有电灯,油灯的光线很暗,一不小心就会开错刀。爱迪生突然想起一个好办法,他把家里所有的油灯全都端了出来,再把一面镜子放在油灯的后面,让医生顺利地做完了手术。医生说:"孩子你是用你的智慧和聪明救了你的妈妈。"爱迪生拉着妈妈的手说:"妈妈我要制造一个晚上的太阳。"

连通器原理让船舶通过大坝

长江三峡大坝是迄今世界上综合效益最大的水利枢纽，它利用水位落下时产生的巨大能量发电。但是这么大的落差，船舶是如何通航的呢？它利用的就是连通器的原理。那么这个原理在生活中还有其他应用吗？

▲茶壶是日常常见的连通器

连通器的原理介绍

连通器就是上端开口或连通，下部连通，如同 U 形一般的容器。连通器具有这样一种性质，注入同一种液体，在液体不流动时连通器内各容器的液面总是保持在同一水平面上。这可以用液体压强的原理来解释。若在这个 U 形容器中装有同一种液体，在连通器的底部正中设想有一个小液片 AB。假如液体是静止不流动的。右管中的液体对小液片 AB 向右侧的压强，一定等于左管中的液体对小液片 AB 向左侧的压强。因为连通器内装的是同一种液体，左右两个液柱的密度相同，根据液体压强可知，只有当两边的液柱高度相等时，两边的液柱对小液片 AB 的压强才能相等。

▼连通器模型

三峡船闸

三峡大坝船闸上下落差达113米，因为坝前正常蓄水位为海拔175米高程，而坝下通航最低水位为62米高程。这就是说相当于船舶通过船闸要翻越40层楼房的高度。大船从下游驶来，先将五闸室水位降到与下游水位一致，打开下闸门，船舶进入闸室；关闭下闸门。输水系统从下部充水抬高闸室水位，船舶随闸室水位上升而上升。当水位与四闸室水位齐平时，打开五闸室人字闸门，船舶轻松驶入上一级闸室，就好像爬过一级阶梯。如此上升，直至驶出第一闸室，进入高峡平湖。往下游走的船舶，过程正好相反。永久船闸的设计很科学，有两条道，一边下行，一边上行，互不干扰，节省时间。三峡船闸的建成，表明我国在这方面的技术已达到世界领先水平。

所以，在液体不流动的情况下，连通器各容器中的液面应保持相平。

连通器原理与船闸

在河流上建拦河坝可以灌溉农田，水力发电。而河水被大坝隔断，上下游的水位差较大，航船无法通过。在运输频繁的江河上，为了能使船舶通过大坝，就会在大坝的旁边修建船闸。船闸是利用向两端有闸门控制的航道内灌、泄水，以升降水位，使船舶能克服航道上的集中水位落差（例如，建造闸、坝处）的厢形通航建筑物。它由设有闸门和阀门的闸首、放置船舶的闸室、导引船舶入闸室的上游及下游引航道、为闸室灌水与泄水的输水系统，以及闸门与阀门的启闭机械和控制系统组成。它就是应用了连通

▼轮船通过水坝

器的原理。

那么船闸是如何工作的呢？当船下行时，先将闸室充水，待室内水位与上游相平时，将上游闸门开启，让船只进入闸室。随即关闭上游的闸门，闸室放水，待其降至与下游水位相平时，将下游闸门开启，船只即可出闸。上行时与上述过程相反。船闸须设有专门充水、放水系统及操纵闸门的设备。并且根据地形以及水位差的大小，船闸可做成单级或多级的。这决定于水头（上、下游水位差）大小。落差太大的话，水的压力就会使闸门不安全，所以水位落差较大时都会采用多级船闸。而船闸每级水头大小决定于船闸输水系统水力学等条件，以及布置上的要求。级数最多的船闸为俄罗斯的卡马河卡马枢纽中的双线 6 级船闸。目前世界上最大的人造连通器是三峡船闸，它是 5 级船闸，在长江这条繁忙的航运线上发挥着不容忽视的作用。

连通器原理的其他应用

连通器在生产实践中有着广泛的应用。连通器如果倾斜，则各容器中的液体即将开始流动，由液柱高的一端向液柱低的一端流动，直到各容器中的液面相平时，即停止流动而静止。最常见的就是日常生活中所用的茶壶、洒水壶等。如用橡皮管将两根玻璃管连通起来，容器内装同一种液体，将其中一根管固定，使另一根管升高、降低或倾斜，可看到两根管里的液面在静止时总保持相平。所以连通器其他的应用还有水渠的过路涵洞、牲畜的自动饮水器、水位计等。

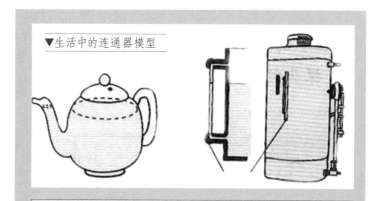

▼生活中的连通器模型

中国古代虹吸现象记载

南北朝时期成书的《关尹子·九药篇》说："瓶存二窍，以水实之，倒泻；闭一则水不下，盖（气）不升则（水）不降。井虽千仞，汲之水上；盖（气）不降则（水）不升。"

唐代王冰《素问》注中，王冰曰："虚管溉满，捻上悬之，水固不汇，为无升气而不能降也；空瓶小口，顿溉不入，为气不出而不能入也。"

再举个生活中常见的现象。在一个水缸里装有水，用一根管子一端放在水中，另一端在缸沿自然垂下，用嘴在这端端口吸气，然后松口，那么缸中的水就会从管子中流下来。因为管子呈一段弧形，像彩虹，又能起到吸水的作用，故称为虹吸现象。虹吸现象也就是应用了连通器的原理。

黑洞理论让宇宙更神秘

▲黑洞吸引周围的物质

黑洞理论的提出让我们觉得这个原本神秘的宇宙更加神秘。那么黑洞是如何形成的呢？这个理论又是如何提出的呢？

黑洞的形成

与我们平时所理解的洞不同，黑洞并不是洞，而是封闭的天体。大质量恒星在其演化末期发生塌缩，其物质特别致密，它有一个被称为"视界"的封闭边界。它的密度非常非常大，靠近它的物体都被它的引力所约束（就好像人在地球上没有飞走一样），不管用多大的速度都无法脱离。对于黑洞来说，它的第二宇宙速度之大，竟然超越了光速，所以连光都跑不出来。这也是它被命名为"黑洞"的原因。

黑洞的提出

黑洞的理论是怎么得以提出的呢？韦勒根据爱因斯坦的理论证明：太空中有一些质量很大的天体，由于内部存在强大的引力，天长日久就自行坍缩成一种新的、体积很小但密度极大的天体，任何物质，包括光线，只要在它的旁边，就会被吸引进去而消失。

黑洞的产生过程

这与中子星的产生过程类似。恒星的核心在自身重量的作用下迅速地收缩，发生强力爆炸。当核心中所有的物质都变成中子时收缩过程立即停止，被压缩成一个密实的星球。但在黑洞情况下，由于恒星核心的质量大到使收缩过程无休止地进行下去，中子本身在挤压引力自身的吸引下被碾为粉末，剩下来的是一个密度高到难以想象的物质。所以黑洞就变得像真空吸尘器一样，可以把任何靠近它的物体都吸进去。恒星的成分多为氢气，每个恒星的内部都在进行核融合反应，有点像连续引爆的氢弹那样，将氢气转化为能量，内部的热压力会促使恒星扩张。另一方面，恒星本身重力的拉扯力又促使恒星缩回来。两种力量像拉锯一样，恒星的大小也不会变化。不过恒星年纪一大就开始变冷。没有了热能，这个老迈的庞然大物无法产生足够的内部热力以抵抗重力的收缩，因此开始崩溃并缩小。不过也不是无限坍缩的，因为根据泡利不相容原理，相类似的粒子不能同时具有相同的速度和位置，也就是说两个相类似的粒子（如两个电子），当其越相互靠近，那么它们的速度就越不相同，这时它们之间就会产生一个相互排斥的力。白矮星正是因为电子之间的斥力和引力相抗衡所形成的。不过当引力大到连电子之间斥力都无法抗衡，恒星就会继续坍缩，这时只有由中子以及质子之间的斥力相抗衡了，即形成中子星。可如果引力继续变大（恒星质量更大），恒星就再也无法支持自己，从而形成黑洞。同样的黑洞附近的引力趋近于无限大了，如此大的引力，自然光线也难以逃脱了。这就是黑洞形成的根本原因，即只有质量足够大了才可能被压缩到足够小的体积。

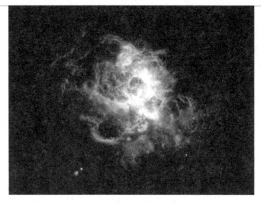

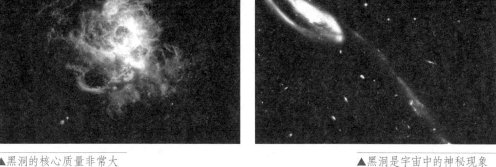

▲黑洞的核心质量非常大　　　　　　　　　　　　▲黑洞是宇宙中的神秘现象

因为它不向外面释放任何物质和质量，人们无法用探测仪器看到它，不过那时只叫黑洞为"神秘天体""隐藏天体"。它的周围都是漆黑一团，像在宇宙中开了一个大洞，人们只能通过计算和观察它周围的其他天体来证实它的存在。美国物理学家约翰·阿提·惠勒考虑到黑洞的这一特性，为它取了个形象的名字"黑洞"。

黑洞的检测

　　光都不能从黑洞中发射出来，我们何以检测到它呢？这有点像在煤库里找黑猫。庆幸的是，有一种办法。正如约翰·米歇尔在他1783年的先驱性论文中指出的，黑洞仍然将它的引力作用到它周围的物体上。天文学家观测到其中有一颗可见的恒星绕着另一颗看不见的伴星运动的系统。人们当然不能立即得出结论说，这伴星即黑洞——它可能仅仅是一颗太暗以至于看不见的恒星而已。落入此超重的黑洞的物质能提供足够强大的能源，用以解释这些物体释放出的巨大能量。当物质旋入黑洞，会在黑洞附近产生能量非常高的粒子。它将使黑洞往同一方向旋转，使黑洞产生类似地球上的一个磁场。该磁场是如此之强，以致将这些粒子聚焦成沿着黑洞的旋转轴，也即它的南极和北极方向往外喷射的射流。在许多星系和类星体中确实观察到这类射流。依靠这种参考，我们就能探测到黑洞的存在。

▼美国发布的黑洞攻击星系的实景照片

黑洞与地球

　　人类无法看见黑洞，它没有具体形状，只能根据周围行星的走向来判断它的存在。也许你会因为它的神秘莫测而害怕起来，但实际上用不着过分担心。因为它对距地球极近的物质产生影响时，它的"事件视界"离我们还很远。尽管它有强大的吸引力，但我们也还有足够的时间挽救。况且，恒星坍缩后大部分都会成为中子星或白矮星。但是我们也不可以放松警惕，这也正是人类研究它的原因之一。

进化论改变了我们的认识

物种是在遗传、变异、生存斗争中和自然选择中，由简单到复杂，由低等到高等，不断发展变化的。进化论的出现，改变了以往很多陈旧观念，甚至改变了人们对人类来源的看法。

达尔文的成长

1809年2月12日，达尔文出生在英国的施鲁斯伯里。他的祖父和父亲都是当地的名医，家里希望他将来继承祖业，16岁时他便被父亲送到爱丁堡大学学医。

但达尔文从小就热爱大自然，尤其喜欢打猎、采集矿物和动植物标本。进到医学院后，他仍然经常到野外采集动植物标本。父亲认为他"游手好闲""不务正业"，一怒之下，于1828年又送他到剑桥大学改学神学，希望他将来成为一个"尊贵的牧师"。达尔文对神学院的神创论等谬说十分厌烦，他仍然把大部分时间用在听自然科学讲座，自学大量的自然科学书籍。他热心于收集甲虫等动植物标本，对神秘的大自然充满了浓厚的兴趣。

达尔文回到英国后，在历时五年的环球考察中，积累了大量的资料。他一面整理这些资料，一面又深入实践，同时，查阅大量书籍，最终编写出版了《物种起源》。《物种起源》是达尔文进化论的代表作，标志着进化论的正式确立。

以赫胥黎为代表的进步学者，积极宣传和捍卫达尔文主义，并指出：进化论轰开了人们的思想禁锢，启发和教育人们从宗教迷信的束缚下解放出来。

达尔文发现甲虫

1828年的一天，在伦敦郊外的一片树林里，一位大学生围着一棵老树转悠。突然，他发现在将要脱落的树皮下，有虫子在里边蠕动，便急忙剥开树皮，发现两只奇特的甲虫，正急速地向前爬去。这位大学生马上左右开弓把它们抓在手里，兴奋地观看起来。正在这时，树皮里又跳出一只甲虫，大学生措手不及，迅速把手里的甲虫藏到嘴里，伸手又把第三只甲虫抓到。看着这些奇怪的甲虫，大学生真有点爱不释手，只顾得意地欣赏手中的甲虫，早把嘴里的那只给忘记了。嘴里的那只甲虫憋得受不了，便放出一股辛辣的毒汁，把这大学生的舌头蜇得又麻又痛。他这才想起口中的甲虫，张口把它吐到手里，然后，不顾口中的疼痛，得意扬扬地向市内的剑桥大学走去。这个大学生就是查理·达尔文。后来，人们为了纪念他首先发现的这种甲虫，就把这种甲虫命名为"达尔文"。

▼达尔文像

达尔文进化理论的研究

▲早期动物化石

1831 年，达尔文从剑桥大学毕业。他放弃了待遇丰厚的牧师职业，依然热衷于自己的自然科学研究。这年 12 月，英国政府组织了"贝格尔"号军舰的环球考察，达尔文经人推荐，以"博物学家"的身份，自费搭船，开始了漫长又艰苦的环球考察活动。

达尔文每到一地总要进行认真的考察研究，采访当地的居民，有时请他们当向导，跋山涉水，采集矿物和动植物标本，挖掘生物化石，发现了许多没有记载的新物种。他白天收集谷类标本、动物化石，晚上又忙着记录收集经过。1832 年 1 月，"贝格尔"号停泊在大西洋中佛得角群岛的圣地亚哥岛。水兵们都去考察海水的流向。达尔文和他的助手背起背包，拿着地质锤，爬到山上去收集岩石标本。

在考察过程中，达尔文根据物种的变化，整日思考着一个问题：自然界的奇花异树，人类万物究竟是怎么产生的？他们为什么会千变万化？彼此之间有什么联系？这些问题在脑海里越来越深刻，逐渐使他对神创论和物种不变论产生了怀疑。

1832 年 2 月底，"贝格尔"号到达巴西，达尔文上岸考察，向船长提出要攀登南美洲的安第斯山。当他们爬到海拔 4000 多米的高山上时，达尔文意外地在山顶上发现了贝壳化石。达尔文非常吃惊，他心中想到："海底的贝壳怎么会跑到高山上了呢？"经过反复思索，他终于明白了地壳升降的道理。达尔文脑海中一阵翻腾，对自己的猜想有了更进一步的认识："物种不是一成不变的，而是随着客观条件的不同而相应变异！"

后来，达尔文又随船横渡太平洋，经过澳大利亚，越过印度洋，绕过好望角，于 1836 年 10 月回到英国。

▼始祖鸟化石

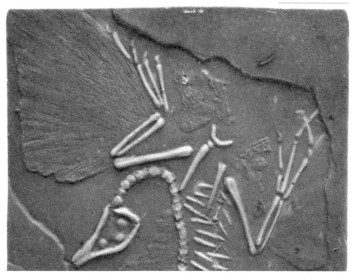

在历时五年的环球考察中，达尔文积累了大量的资料。回国之后，他一面整理这些资料，一面又深入实践，同时，查阅大量书籍，为他的生物进化理论寻找根据。1842 年，他第一次写出《物种起源》的简要提纲。1859 年 11 月达尔文经过 20 多年研究而写成的科学巨著《物种起源》终于出版了。在这部书里，达尔文旗帜鲜明地提出了"进化论"的思想，说明物种是在不断的变化之中，是由低级到高级、由简单到复杂的演变过程。

▲恐龙化石

达尔文的著作

《物种起源》的出版，在欧洲乃至整个世界都引起轰动。它沉重地打击了神权统治的根基，从反动教会到封建御用文人都狂怒了。他们群起攻之，诬蔑达尔文的学说"亵渎神灵"，触犯"君权神授天理"，有失人类尊严。与此相反，以赫胥黎为代表的进步学者，积极宣传和捍卫达尔文主义，并指出：进化论轰开了人们的思想禁锢，启发和教育人们从宗教迷信的束缚下解放出来。

达尔文的第二部巨著《动物和植物在家养下的变异》也很出名，书中以不可争辩的事实和严谨的科学论断，进一步阐述他的进化论观点，提出物种的变异和遗传、生物的生存斗争和自然选择的重要论点。晚年的达尔文，尽管体弱多病，但他以惊人的毅力，顽强地坚持进行科学研究和写作，连续出版了《人类的由来》等很多著作。达尔文本人认为"他一生中主要的乐趣和唯一的事业"，是他的科学著作。还有一些在旅行中直接考察得到的最重要的科学成果，如：达尔文本人所写的著名的《考察日记》和《贝格尔号地质学》、《贝格尔号的动物学》等。在他的著作中，具有特别重大历史意义的是《物种起源》，表明达尔文的进化论思想和自然选择理论的逐步发展过程。《物种起源》的出版是一件具有世界意义的大事，因为《物种起源》的出版标志着19世纪绝大多数有学问的人对生物界和人类在生物界中的地位的看法发生了深刻的变化。《物种起源》的出版，引起造化论者和具有目的论情绪的科学家们（而这些人在当时占绝大多数）对达尔文学说的猛烈攻击，也引起维护达尔文主义的相应斗争，积极参加这一斗争的除达尔文本人外还有进步的博物学家，他们成了达尔文学说的热烈拥护者。

◀人类近亲黑猩猩

太阳光谱使我们进入光的领域

太阳的表面温度可以达到 6000℃，这使得太阳的表面极度炎热。炎热的太阳在不断地向地球传送着能量。这些能量大部分以光谱的形式传送。正是这些能量，使得地球上的生命得以存在，使得地球能够成为孕育生命的摇篮。

太阳光谱的种类

太阳所发出的光是由不同波长的光线所组成的复合光，其中波长最长的红外线和波长最短的紫外线依次排列起来，即太阳光谱。太阳光谱分为可见光线与不可见光线。可见光线指波长范围在 770 ~ 390 纳米之间的光线。顾名思义，可见光线即电磁波谱中可以为人眼所感知的部分，这一部分叫作可见光。到目前为止，可见光谱并没有一个精确的范围。正常人的眼睛可以感知的电磁波的波长在 390 ~ 770 纳米之间，但还有一些特殊的人，他们能够感知到波长在 380 ~ 780 纳米之间的电磁波。相对于可见光线的波长范围，不可见光的概念比较笼统，指除可见光外其他所有仅凭借人眼所不能感知的波长的光线，包括无线电波、微波、红外光、紫外光、X 射线、Y 射线等。

不可见光如果以波长来表示大致范围如下。

不可见光 <380 纳米，例如紫外线。

不可见光 >760 纳米，例如红外线、远红外线。

但是可见光和不可见光并不是绝对对立的。因为不同的跃迁能级产生不同的电磁波，

▼透过云层的光线

红外线

红外线是太阳光线中众多不可见光线中的一种，由德国科学家霍胥尔于 1800 年发现，又被称为红外热辐射。太阳光谱上红外线的波长大于可见光线，波长为 0.75 ~ 1000 微米。红外线可分为三部分，即近红外线，波长为 0.75 ~ 1.50 微米；中红外线，波长为 1.50 ~ 6.0 微米；远红外线，波长为 6.0 ~ 1000 微米。生活中红外线的应用主要有高温杀菌，红外线夜视仪，监控设备，手机的红外口，宾馆的房门卡，汽车、电视机的遥控器，洗手池的红外感应等。

原子及分子的价电子或成键电子能级是可见光的跃迁能级类型，其他电磁波的跃迁能级类型有核能级、内层电子能级、分子振动能级、分子转动能级、电子自选能级等。这些类型一般是多种或者全部同时存在的，也就是说有可见光的同时也伴随着不可见光的存在。

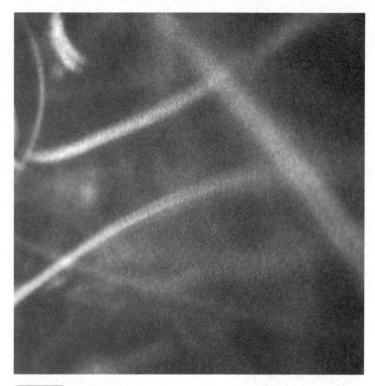

▲紫外光

▲太阳光谱中的一部分色

太阳光谱让人们认识了光

虽然我们所看到的光透明无色，但实际上光是有颜色的。

第一个揭示光的色学性质和颜色秘密的科学家是英国科学家牛顿。在1666年，牛顿用实验说明了太阳光是各种颜色的混合光，并且发现光波长决定光的颜色。不同波长的光表现出来的颜色如下。

770～622纳米，红色；622～597纳米，橙色；597～577纳米，黄色；577～492纳米，绿色；492～455纳米，蓝靛色；455～390纳米，紫色。

这也就是我们通常所讲的六种颜色。正常视力的人眼对波长约为

555 纳米的电磁波最为敏感，这种电磁波处于光学频谱的绿光区域。所以在视觉疲劳时注视绿色的物体可以缓解疲劳。

在科学研究中，为了研究的方便，研究者将可见光谱围成一个圆环，并分成九个区域，称之为颜色环。对应色光的波长在颜色环上用数字表示，单位为纳米（nm），颜色环上任何两个对顶位置扇形中的颜色，互称为补色。例如，蓝色（435～480 纳米）的互补色为黄色（580～595 纳米）。

▲北极光

通过研究颜色环发现，光主要有以下几种特性。

（一）白光可以由互补色按一定的比例混合得到。如蓝光和黄光混合得到的是白光。同理，青光和橙光混合得到的也是白光。

（二）颜色环上所有颜色的种类都可以用其相邻两侧的两种单色光，或者可以从次近邻的两种单色光混合复制出来。如黄光和红光混合可以得到橙光。最典型的是黄光可以由红光和绿光混合得来。

（三）在颜色环上任意选择三种相互独立的单色光。将其按不同的比例混合就可得到日常生活中可能出现的全部色调。这三种单色光称为三原色光。光学中的三原色为红、绿、蓝。但三原色的选择完全是任意的。

（四）当太阳光照射某物体时，物体吸取了某波长的光后物体显示的颜色即反射光为该色光的补色。例如太阳光照射到物体上，若物体吸取了波长为 400～435 纳米的紫光，则物体呈现黄绿色。

许多人认为物体之所以呈现某种颜色是物体吸收了其他色光，反射了这种颜色的光。这种说法是不对的。例如呈现黄绿色的树叶，实际吸收的是波长为 400～435 纳米的紫光，显示出的黄绿色是反射的其他色光的混合效果，而不只反射黄绿色光。

◀拉马第高能太阳光谱成像探测器

微积分是数学的奇迹

◀提出"一尺之棰"的庄子

微积分作为数学这一门学科的基础，它在数学这一学科中所占的地位举足轻重。微积分的发现开创了数学学科的一个时代。从微积分开始，数学进入了一个新的领域。

微积分的概述

微积分是研究函数的微分、积分以及有关概念和应用的数学分支。实数、函数和极限是微积分得以建立的基础。例如：研究一个事物，如果它始终在变化就很难研究，但通过微元分割成一小块一小块，对于每一小块可以把它看作是常量来处理，对整个事物的研究就是这些小块最终的叠加。这是微积分中最重要的思想——"微元"与"无限逼近"。微积分的基本概念有很多，包括函数、无穷序列、无穷级数和连续等，符号运算技巧是微积分的主要运算方法，符号运算技巧与初等代数和数学归纳法联系紧密。随着现代科学的发展，微积分被延伸到微分方程、向量分析、变分法、复分析、时域微分和微分拓扑等领域。

微积分学是微分学和积分学的总称，微积分学的内容主要包括极限、微分学、积分

一元微分

定义：设函数 $y=f(x)$ 在某区间内有定义，$x0$ 及 $x0+\Delta x$ 在此区间内。如果函数的增量 $\Delta y=f(x0+\Delta x)？f(x0)$ 可表示为 $\Delta y=A\Delta x0+o(\Delta x0)$（其中 A 是不依赖于 Δx 的常数），而 $o(\Delta x0)$ 是比 Δx 高阶的无穷小，那么称函数 $f(x)$ 在点 $x0$ 是可微的，且 $A\Delta x$ 称作函数在点 $x0$ 相应于自变量增量 Δx 的微分，记作 dy，即 $dy=A\Delta x$。

通常把自变量 x 的增量 Δx 称为自变量的微分，记作 dx，即 $dx=\Delta x$。于是函数 $y=f(x)$ 的微分又可记作 $dy=f'(x)dx$。函数的微分与自变量的微分之商等于该函数的导数。因此，导数也叫作微商。

学及其应用。它是一种数学思想，"无限细分"就是微分，"无限求和"就是积分。积分学，包括求积分的运算，为定义和计算面积、体积等提供一套通用的方法。微分学包括求导数的运算，是一套关于变化率的理论。它使得函数、速度、加速度和曲线的斜率等均可用一套通用的符号进行讨论。微积分学中的无限就是极限，极限的思想是微积分学的基础，它运用一种运动的思想来看待问题。比如，箭飞离弓的瞬间速度就是微分的概念，箭每个瞬间所飞行的路程之和就是积分的概念。如果将整个数学科学比作一棵大树，树根是初等数学，树枝是名目繁多的数学分支，而树干的主要部分就是微积分。微积分被称为是人类智慧伟大的成就之一。

微积分学的建立

在古希腊时期有用穷尽方法来求特殊图形面积的研究，这可以看作是微积分学最初的起源。例如：在公元前 3 世纪，古希腊的阿基米德在研究解决抛物弓形的面积、球和球冠面积、螺线下面积和旋转双曲体的体积的问题中，就隐含着近代积分学的思想。而对于作为微分学基础的极限理论，我国古代对其有较为明确的阐述。例如：我国的庄周所著的《庄子》一书的"天下篇"中，记有"一尺之棰，日取其半，万世不竭"。三国时期的刘徽在他的割圆术中提到"割之弥细，所失弥小，割之又割，以至于不可割，则与圆周和体而无所失矣。"这些都是最简洁、最基本的、也是很典型的极限概念。

微积分真正成为一门学科，是在 17世纪。许多亟待解决的科学问题促使了微积分学的产生。这些问题主要集中在四个方面：第一个方面是对于运动的研究，也就是求即时速度的问题；第二个方面是求

▲庄子是我国古代伟大的哲学家　▼莱布尼茨

曲线的切线；第三个方面是求函数的最大值和最小值；第四个方面是求曲线长、曲线围成的面积、曲面围成的体积、物体的重心、一个体积相当大的物体作用于另一物体上的引力。17世纪的前半叶可以说是微积分学的酝酿阶段。微积分学的真正创建，是在17世纪的后半叶，在以往研究的基础上，由莱布尼茨和牛顿几乎同时创立。在莱布尼茨和牛顿创立微积分以前，人们通常把微分和积分视为独立的学科。而微积分之名与其符号之使用则是莱布尼茨所创。他最大功绩是把两个貌似毫不相关的问题联系在一起，一个是切线问题（微分学的中心问题），一个是求积问题（积分学的中心问题）。与此同时，17世纪的许多著名的数学家、天文学家、物理学家都为微积分学的创立做了大量的研究工作，如法国的费尔玛、笛卡尔、罗伯瓦、笛沙格，英国的巴罗、瓦里士，德国的开普勒，意大利的卡瓦列利等人都提出许多很有建树的理论。

　　到了19世纪初，法国科学学院的科学家认真研究了微积分的理论，建立了极限理论，这些科学家的代表人物是柯西。后来德国数学家维尔斯特拉斯的进一步严格规划，使微积分确立了极限理论的坚实基础。这样，微积分学这一学科得以完全建立并且开始发展。

▼开普勒

▼笛卡尔

哈雷彗星引领我们认识宇宙

▲当哈雷彗星遇上猎户座

哈雷彗星是为人们所熟知的一颗彗星。它的产生在人类的天文史上具有举足轻重的意义。它的发现使得人们对于宇宙的了解进一步加深。

哈雷彗星的发现

哈雷彗星是由英国人哈雷所发现。哈雷是著名科学家牛顿的朋友。哈雷在生活和学习中一直对彗星情有独钟。1680 年，哈雷在法国旅游时看到了有史以来最亮的一颗大彗星。这颗大彗星引起了他的注意。两年后，也就是 1682 年，他又看到了另一颗大彗星。这两颗大彗星在他心中留下了极为深刻的印象。他仔细观测、记录了彗星的位置和它在星空中的逐日变化。回家后，他开始查找各种历史书籍，寻找以往的星象记录。但是这种查找的工作量是巨大的。经过一段时期的观察和查找记录，他惊讶地发现，这颗彗星好像不是初次光临地球的新客，而是似曾相识的老朋友。1695 年，哈雷从 1337 年到 1698 年的彗星记录中挑选了 24 颗彗星，用一年时间计算了它们的轨道。他发现 1531 年、1607 年和 1682 年出现的这三颗彗星轨道看起来极为相似，一个念头在他脑海中迅速地闪过：这三颗彗星可能是同一颗彗星的三次回归。哈雷产生了这个大胆的念

▶发现哈雷彗星的哈雷

《宋史》中对于哈雷彗星的观测记录

公元1066年，《宋史·天文志》："治平三年，三月己未，彗出营室，晨见东方，长六尺许，西南指危泊坟墓，渐东速行近日而伏。至辛巳，夕见西南，北有星无芒彗，益东方，别有白气一，阔三尺许，贯紫微极星并房宿，首尾入浊，益东行，历文昌，北斗贯尾。至壬午，星复有芒彗，长丈余，阔三尺余，东北指，历五车，白气为歧横天，贯北河、五诸侯、轩辕、太微五帝坐内五诸侯及角、亢。氏、房宿。癸未，彗长丈五尺。星有彗气如一升器。历营宿至张，凡一十四舍。积六十七日，星气孛皆灭。"

▲扫过地球的哈雷彗星

头后，便怀着极大的兴趣，全身心地投入到对彗星的观测和研究中。哈雷不厌其烦地向前搜索，发现1456年、1378年、1301年、1245年，一直到1066年，历史上都有大彗星的记录。在通过大量的观测、研究和计算后哈雷大胆地预言，1682年出现的那颗彗星，将于1758年底或1759年初再次回归。1759年3月14日，在哈雷预测的回归日的前一个月，哈雷彗星过近日点，为了纪念哈雷对科学的贡献，人们将这颗彗星以他的名字命名为哈雷彗星。

我国古代对于哈雷彗星也有过记载，在古书《春秋》中记载：公元前613年，鲁文公十四年"秋七月有星孛（彗星）入于北斗"。现代天文学家根据它的轨道和时间判断此星即哈雷彗星。我国历代的史书对于彗星现象包括哈雷彗星在内有很多记载，可以说我国所保存的古代彗星记录资料最为完整。这为现代对哈雷彗星的研究提供了方便。但是，我国古人未能明确指出某一彗星的周期。

哈雷彗星概述

彗星是一种绕太阳运行的质量较小形状不规则的小天体，彗星的轨道大多数为扁长，也有极少数为近圆形轨道。彗星的主要组成部分是冰冻着的各种杂质、尘埃。哈雷彗星是宇宙众多彗星中的一颗。

彗星的结构分为彗核、彗发和彗尾三个部分。在彗星离太阳的距离较远时，看上去只是个朦胧的星状亮斑，这个亮斑叫作彗头。彗头是由中心部分较亮的彗核和外围的云雾状包层组成，这一云雾状包层则被称为彗发。彗星的物质在太阳风的作用下会被不断地剥离和蒸发出来，拖在彗星的后面就是彗尾。彗尾一般和太阳的方向相反，彗星越靠近太阳，彗尾就越长。过了近日点后，彗星渐渐远离太阳，彗尾就会逐渐变短。1910 年 5 月，哈雷彗星回归时，它和地球的最近距离只有 2400 千米，而它长长的彗尾足有 2 亿千米。

▲巨大的彗尾

大多数彗星在天空中的运行方向是由西向东。与哈雷彗星不同，它从东向西运行。哈雷彗星的平均公转周期为 76 年，但是它的精确回归日期不能简单地用 1986 年加上几个 76 年来得到。因为主行星的引力作用会使周期改变，从而变成一个又一个循环。非重力效果也使得它的周期发生巨大变化。在公元前 239 年到公元 1986 年，哈雷彗星的公转周期在 76.0 年（1986 年）到 79.3 年（451 和 1066 年）之间变化。哈雷彗星的公转轨道是逆向的，与黄道面呈 18 度倾斜。并且，与其他彗星相同，偏心率较大。哈雷彗星的彗核大约为 16×8×8 千米。并不像前人预计的那样，哈雷彗

▼哈雷彗星星象图

星的彗核非常暗：它的反射率仅为0.03，这使它成为太阳系中最暗物体之一。哈雷彗星彗核的密度很低：大约0.1克／立方厘米，说明哈雷彗星多孔，这一现象可能是在冰升华后，大部分尘埃留下所导致的。

▲哈勃望远镜

虽然我们可以看到彗星，但是彗星本身是不会发光的。早在晋代，我国天文学家就认识到这一点。《晋书·天文志》中记载，"彗本无光，反日而为光"。彗星的光是靠反射太阳光而得来。通常彗星的发光都很暗，只有用天文仪器才可观测到。但也有极少数彗星，被太阳照得很明亮拖着长长的"尾巴"，这样的彗星可以为人类肉眼所见。

哈勃空间望远镜

哈勃空间望远镜（Hubble Space Telescope，缩写为HST）是以天文学家哈勃命名的，在轨道上环绕着地球的望远镜。它的位置在地球的大气层之上，因此获得了地基望远镜所没有的好处——影像不会受到大气湍流的扰动，视宁度绝佳又没有大气散射造成的背景光，还能观测被臭氧层吸收的紫外线。它从1990年发射之后，已经成为天文史上最重要的仪器。它弥补了地面观测的不足，帮助天文学家解决了许多根本问题，使人们对天文物理有更多的认识。

哈勃的超深空视场是天文学家曾获得的最深入（最敏锐的）的光学影像。从1946年的原始构想开始，直到发射为止，建造太空望远镜的计划不断地被延迟和受到预算问题的困扰。在它发射之后，立即发现主镜有球面像差，严重地降低了望远镜的观测能力。幸好在1993年的维修任务之后，望远镜恢复了计划中的品质，并且成为天文学研究和推展公共关系最重要的工具。哈勃空间望远镜和康普顿伽玛射线天文台、钱德拉X射线天文台、斯必泽空间望远镜都是美国宇航局大型轨道天文台计划的一部分。

"哈勃"的四次大修

哈勃太空望远镜已到"晚年"。它在太空的十几年中，经历4次大修，分别为1993年、1997年、1999年和2001年。尽管每次大修以后，"哈勃"都面貌一新，特别是2001年科学家利用哥伦比亚航天飞机对它进行的第四次大修，为它安装测绘照相机，更换太阳能电池板，更换已工作11年的电力控制装置，并激活处于"休眠"状态的近红外照相机和多目标分光计。然而，大修仍掩盖不住它的"老态"，因为"哈勃"从上太空起就处于"带病坚持工作"状态。

质量守恒定律是人类认识的突破

在人类自然科学发展史上，有许多里程碑式的发现。质量守恒定律是其中一个。它的发现奠定了许多其他科学发展的基础，为其他科学的发展提供了基本原理。

▲质量守恒定律实验装置

质量守恒定律

质量守恒定律：任何一种化学反应，其反应前后的质量总是不会变的。物质质量既不会增加也不会减少，只会由一种形式转化为另一种形式。质量守恒定律的基本含义是在任何与周围隔绝的体系中，不论发生何种变化或者过程，其总质量始终保持不变。或者说，化学变化只能改变物质的组成，但不能创造物质，也不能消灭物质，所以质量守恒定律又被称为物质不灭定律。质量守恒定律的微观解释为在化学反应中，原子的种类、数目、质量均不变。

质量守恒定律是自然界的基本定律之一。人类关于质量最初的学说是燃素说。燃素学说是三百年前的化学家们对燃烧的解释，他们认为火是由无数细小而活泼的微粒构成的物质实体。这种火的微粒既能同其他元素结合而形成化合物，也能以游离方式存在。

▼拉瓦锡

大量游离的火微粒聚集在一起就形成明显的火焰，它弥散于大气之中便给人以热的感觉，由这种火微粒构成的火的元素就是"燃素"。18世纪时法国化学家拉瓦锡从实验上推翻了燃素说，从那时起质量守恒定律开始得到公认。到了20世纪，随着原子核科学的发展，科学家们发现高速运动物体的质量随其运动速度而变化，又发现实物和场可以互相转化，因而应按质能关系考虑场的质量。质量守恒原理也在质量概念的发展中得到了发展。经过理论整合，质量守恒和能量守恒两条定律通过质能关系合并为一条守恒定律，即质量和能量守恒定律。

质量守恒定律在化学反应中是一条颠扑不破的真理。不过在核反应中，由于核反应有原子变化，因此静质量是不守恒的，有质量亏损，服从质能方程。但核反应在相对论中其动质量也是守恒的。因此，核反应也遵循质量和能量守恒定律。

质量守恒定律的确立过程

在质量守恒定律产生之前，人类所认同的是燃素说。最初对燃素说提出挑战，也即提出质量守恒定律原型的是俄国化学家罗蒙诺索夫。1756 年，罗蒙诺索夫把锡放在密闭的容器里煅烧，锡发生变化，生成白色的氧化锡，但容器和容器里的物质的总质量，在煅烧前后并没有发生变化。经过反复的实验，都得到同样的结果，于是罗蒙诺索夫得出了一个结论：参加反应的全部物质的重量，常等于全部反应产物的重量。但是这个结论在产生的最初并没有得到足够的重视。直到 1774 年，法国科学家拉瓦锡重复了类似的实验，并得出了同样的结论。但是处在当时的环境下，一个很重要的问题就是精确度。要确切证明或否定这一结论，都需要极精确的实验结果。罗蒙诺索夫和拉瓦锡时代所用的天平都不够精密。拉瓦锡时代的工具和技术对小于 0.2% 的质量变化检测不出来，这一缺陷对于质量守恒定律的确立是致命的。因此不断有人改进实验技术和工

▼拉瓦锡的塑像

具以求解决这一问题。直到 1908 年德国化学家朗道耳特及 1912 年英国化学家曼莱做了精确度极高的实验，所用的容器和反应物质量为 1000 克左右，反应前后质量之差小于 0.0001 克，质量的变化小于一千万分之一。这个差别在实验误差范围之内，使得各国的科学家们一致承认了这一定律。

质量守恒定律的发展

质量守恒定律在被确认后成了自然界基本的定律之一。在此基础之上，随着科学的发展，质量守恒定律本身也得到了极大的发展。其发展的代表就是爱因斯坦相对论的产生。20 世纪，爱因斯坦发现了狭义相对论，他指出，物质的质量和它的能量成正比，可用以下公式表示：$E=mc^2$，式中 E 为能量，m 为质量，c 为光速。狭义相对论的产生并不意味着物质会被消灭，而是物质的静质量转变成另外一种运动形式。它也说明物质可以转变为辐射能，辐射能也可以转变为物质。狭义相对论和能量守恒原理融合在一起，质量和能量可以互相转化。狭义相对论产生的最重要的结论是使质量守恒失去了独立性。如果物质质量是 m，光速是 c，它所含有的能量是 E，那么 $E=mc^2$。

这个公式只说明质量是 m 的物体所蕴藏的全部能量，并不等于都可以释放出来，在核反应中消失的质量就按这个公式转化成能量释放出来。按这个公式，1 克质量相当于 $9×10^{13}$ 焦耳的能量。这个质能转化和守恒原理就是利用原子能的理论基础。狭义相对论产生之初，由于当时科学的局限，这条定律只在微观世界得到验证，后来才在核试验中得到验证。因此 20 世纪以后，这一定律发展成质量守恒定律和能量守恒定律，合称质能守恒定律。

▶ 罗蒙诺索夫

发现雷电的秘密

▲城市上空的雷电

　　雷电指一种雷鸣和闪电交织的自然现象。雷电实际上是一个放电的过程，但是这个过程雄伟壮观又有点令人生畏。在中国古代，雷电通常与天谴相联系。人们认为被雷击是因为做了某些不符合道德标准的事情从而遭到了天谴。随着科学的逐渐发展，人们也逐渐认识了雷电这种自然现象。

雷电是怎样形成的

　　通常在对流发展旺盛的积雨云中才会产生雷电，雷电产生的这一特殊环境使得雷电发生时常伴有强烈的阵风和暴雨，有时还伴有冰雹和龙卷风。我们常见的闪电现象是由积雨云中的电位差达到一定程度所产生。积雨云顶部一般较高，可达 20 公里，云的上部常有冰晶。冰晶的凇附，水滴的破碎以及空气对流等过程，使云中产生电荷。总体而言，云中电荷的分布遵循这样一个规律：云的上部以正电荷为主，下部以负电荷为主。由此，云的上、下部之间形成了一个电位差。闪电的电压很高，为 1 亿～10 亿伏特。闪电的平均电流是 3 万安培，最大电流可达 30 万安培。一个中等强度雷暴的功率可达一千万瓦，相当于一座小型核电站的输出功率。在放电过程中，空气体积由于闪道中温度骤增的原因而急剧膨胀，从而产生冲击波，最后就产生了强烈的雷鸣。而人们所见到和听到的闪电雷鸣是由于带有电荷的雷云与地面的突起物接近时，它们之间会发生激烈的放电。在雷电放电地点所出现的强烈的闪光和爆炸的轰鸣声最终传递给了人们的视觉和听觉。

▼强烈的雷电现象

雷云和闪电

　　雷云和闪电是雷电的两个组成部分。雷云和闪电的共同作用构成了雷电。

　　（一）雷云

　　雷云指带不同电荷，因相互撞击而产生雷电的云朵的总称，通常表现为下雷阵雨时出现的一种黑色云朵。科学家们对雷雨云的带电机制及电荷有

▲乌云密布的天空中的雷电

规律分布，进行了大量的观测和试验，积累了许多资料，并提出各种各样的解释，有些论点至今还有争论。但是科学家们都一致同意的是，产生雷电的条件是雷雨云中有积累并形成极性。通常对于雷云形成的原因有以下几种假说。

1. 对流云初始阶段的"离子流"假说：在云中的雨滴上，电荷分布是不均匀的，最外边的分子带负电，里层的带正电，内层比外层的电势差约高0.25V。大气中存在大量的正离子和负离子，为了平衡这个电势差，水滴就必须优先吸收大气中的负离子，这就使水滴逐渐带上了负电荷。当对流发展开始时，带负电的云滴因为比较重，留在了下部，较轻的正离子逐渐地被上升的气流带到云的上部，这造成了正负电荷的分离。

2. 冷云的电荷积累假说：冷云的电荷积累主要有三种方式。第一种是过冷水滴在霰粒上撞冻起电；第二种是冰晶与霰粒的摩擦碰撞起电；第三种是水滴因含有稀薄盐分而起电。

3. 暖云的电荷积累假说：暖云指在热带地区，整个云体都位于0℃以上区域，只含有水滴而没有固态水粒子的云。暖云有时会出现雷电现象。

（二）闪电

闪电在大气科学中指大气中的强放电现象。闪电产生的原因通常是暴风云在地面产生阳电荷，在云的底层产生阴电荷，在云的顶层产生阳电荷，地面上的阳电荷跟着云移动。阳电荷和阴电荷彼此相吸，但空气却不是良好的传导体。地面上的阳电荷企图和带有阴电的云层相遇；而云层中的阴电荷枝状的触角则向下伸展，努力接近地面。

▲闪电的发生

▼港口上空的雷电

最终阴阳电荷克服空气的阻障而相互连接，产生了闪电。闪电的电流很大，其峰值一般能达到几万安培，但是其持续的时间很短，一般只有几十微秒。所以闪电电流的能量不如想象的那么巨大。闪电的温度，等于太阳表面温度的 3 ~ 5 倍，从摄氏 17000 度至 28000 度不等。闪电的极度高热使沿途空气剧烈膨胀。空气迅速移动，因此形成波浪并发出声音。闪电距离远，听到的是隆隆声；距离近，听到的就是尖锐的爆裂声。闪电通常分为以下几种：①枝状闪电：曲折开叉的普通闪电。②片状闪电：闪电在云中阴阳电荷之间闪烁，从而使全地区的天空发亮的闪电。③云间闪电：未达到地面同一云层之中或两个云层之间的闪电。④超级闪电：威力比普通闪电大 100 多倍的稀有闪电。⑤黑色闪电：类似于球状闪电，不易被发现且很少出现在地面，破坏力甚大，可造成爆炸，经常追逐金属物体。

雷电的发生

　　在任何给定时刻，世界上都有 1800 场雷雨正在发生，每秒大约有 100 次雷击。在美国，雷电每年会造成大约 150 人死亡和 250 人受伤。全世界每年有 4000 多人惨遭雷击。在雷电发生频率呈现平均水平的平坦地形上，每座 300 英尺高的建筑物平均每年会被击中一次。每座 1200 英尺的建筑物，比如广播或者电视塔，每年会被击中 20 次，每次雷击通常会产生 6 亿伏的高压。乌干达首都坎帕拉和印度尼西亚的爪哇岛是最易受到闪电袭击的地方。据统计，爪哇岛有一年竟有 300 天发生闪电。而历史上最猛烈的闪电，是 1975 年袭击津巴布韦乡村乌姆塔里附近一幢小屋的那一次，当时造成 21 人死亡。

电磁感应揭示电磁的秘密

电磁感应现象是电磁学中重大的发现之一，在电磁感应现象被发现后，由于对电磁感应现象的广泛应用，电工技术、电子技术以及电磁测量等方面有了长足的提高。

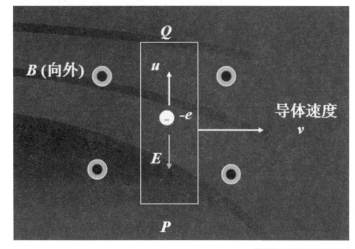

▲电磁感应示意图

电磁感应概述

电磁感应指因磁通量变化产生感应电动势的现象，闭合电路的一部分导体在磁场中做切割磁感线的运动时，导体中就会产生电流，这种现象叫电磁感应现象。电磁感应现象是电磁学中重大的发现之一，它显示了电、磁现象之间的相互联系和转化。在电磁感应现象产生后，以电磁感应为基础又产生了给出确定感应电流方向的楞次定律，以及描述电磁感应定量规律的法拉第电磁感应定律。楞次定律指闭合回路中感应电流的方向，总是使它激发的磁场来阻碍引起感应电流的磁通量的变化。法拉第电磁感应定律指电路中感应电动势的大小，跟穿过这一电路的磁通变化率成正比。在电磁感应的基础上按产生原因的不同，可以把感应电动势分为动生电动势和感生电动势两种，前者起源于洛伦兹力，后者起源于变化磁场产生的有旋电场。对电磁感应本质的深入研究所揭示的电、磁场之间的联系，对麦克斯韦电磁场理论的建立具有重大意义。麦克斯韦电磁场理论主要是指变化的磁场可产生涡旋电场，变化的电场（位移电流）可产生磁场。

▼交流发电机是根据电磁感应原理工作的

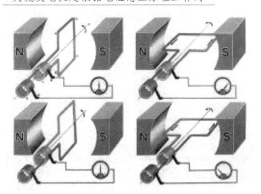

▼法拉弟宣布电磁感应的发现

▲早期电报针

电磁感应的发现

电磁感应由英国著名物理学家、化学家法拉第所发现。而在法拉第正式发现电磁感应之前，前人已经对于电磁现象有了一些研究成果。最初库仑提出电和磁有本质上的区别，但是在1812年，丹麦物理学家奥斯特提出电与磁之间存在着联系。经过大量研究后，他在1820年7月发现了通电导体附近磁针转动的现象即电流磁效应。这一发现震惊了当时的物理学界。安培在奥斯特的电流磁效应发现两个月后，提出了通电线圈与磁铁相似的报告，并在其后的五年之内通过对通电平行导线间相互作用力的研究，得出电流元之间相互作用力的规律，提出电能可以转化为磁能，磁起源于电，磁与电本质上的联系。安培的这些研究和发现为法拉第最终发现电磁感应奠定了良好基础。法拉第在对安培的发现进行了研究之后认为：电与磁有本质联系，既然电流能够产生磁，那么反之，磁也应该可以产生电。沿着这一研究方向，在总结前人成果的基础上，1831年8月，法拉第成功地做出了发现电磁感应的实验。他的实验过程：在软铁环两侧分别绕两个线圈，其一为闭合回路，在导线下端附近平行放置一磁针，另一与电池组相连，接开关，形成有电源的闭合回路。实验发现：切断开关，磁针反向偏转；合上开关，磁针偏转，这表明在无电池组的线圈中出现了感应电流。敏感的法拉第意识到，这是一种非恒定的暂态效应。随后他通过几十个实验，总结了5类产生感应电流的情形，分别为变化的电流，

▼电磁感应的设备

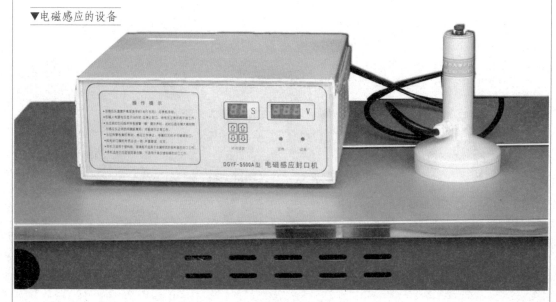

变化的磁场，运动的恒定电流，运动的磁铁，在磁场中运动的导体。法拉弟把这些现象正式定名为电磁感应。随后，法拉第又发现，在相同条件下不同金属导体回路中产生的感应电流与导体的导电能力成正比。他由此认识到，即使没有回路、没有感应电流，感应电动势依然存在。感应电流是由与导体性质无关的感应电动势所产生。

◄电磁感应线圈

法拉第电磁感应定律

在发现电磁感应的基础上，法拉第总结出了电磁感应的定律，后人为了纪念他对于电磁感应的贡献，将这条定律命名为电磁感应定律。法拉第根据大量实验总结出了如下定律：电路中感应电动势的大小，跟穿过这一电路的磁通变化率成正比。感应电动势用 ε 表示，即 $\varepsilon = n\Delta\Phi/\Delta t$。法拉第电磁感应定律具有重大的意义，一方面，电磁感应现象在电工技术、电子技术以及电磁测量等方面都有广泛的应用，这使得人类社会从此迈进了电气化时代。另一方面，人们依据电磁感应原理制造出的发电机，使电能的大规模生产和远距离输送成为可能。

法拉第

法拉第是 19 世纪电磁学领域中最伟大的实验物理学家。1791 年 9 月 22 日，法拉第出生于伦敦附近的纽因格顿，父亲是铁匠。因为家境贫苦，他只在 7 岁到 9 岁读过两年小学。12 岁当报童，13 岁在一家书店当了装订书的学徒。他喜欢读书，利用在书店的条件，读了许多科学书籍，并动手做了一些简单的化学实验。

1812 年秋，法拉第开始了独立的科学研究工作。1851 年，法拉第得出了电磁感应定律。法拉第把他做过的实验整理成《电学实验研究》一书，书中详细记述了他做过的实验和结论。

1825 年，他参与冶炼不锈钢材和折光性能良好的重冕玻璃工作，不少公司和厂家出重金聘请法拉第担任技术顾问。面对 15 万镑年薪的工作和没有报酬的科学研究工作，法拉第选择了后者。1851 年，法拉第被推选为英国皇家学会会长，他坚决推辞掉了这个职务。他把全身心献给了科学研究事业，终生过着清贫的日子。

1867 年 8 月 25 日，法拉第在伦敦去世，遵照他"一辈子当一个平凡的迈克尔·法拉第"的意愿，遗体被安葬在海格特公墓。

相对论让人们重新认识时间

相对论是人类历史上重大的理论之一。相对论的产生让人们对于时间和空间的概念得到了整合和重组。相对论拓宽了人类的视野，让人们在一个更广泛的意义上认识时间与空间。

▲爱因斯坦

相对论概述

相对论由爱因斯坦创立，是关于时空和引力的基本理论，也是在20世纪发展起来的物理学的普遍理论。相对论对20世纪科学技术以及哲学都产生了重大的影响。相对论的基本假设是相对性原理，即物理定律与参照系的选择无关。相对论分为狭义相对论（特殊相对论）和广义相对论（一般相对论）。狭义相对论和广义相对论的区别是，前者讨论的是匀速直线运动的参照系（惯系参照系）之间的物理定律，后者则推广到具有加速度的参照系中（非惯性系），并在等效原理的假设下，广泛应用于引力场中。狭义相对论与量子力学构成近代物理学的两大理论支柱，任何一种新的物理理论的提出都必须与狭义相对论相一致。

狭义相对论改造了经典物理学的时空观，将物理定律统一表述成在洛伦兹变换下具有不变性的形式。狭义相对论仅涉及惯性系，其理论基础是相对性原理和光速不变原理。狭义相对论最著名的推论是质能公式，它可以用来计算核反应过程中所释放的能量，并推动了原子弹的诞生。狭义相对论经受了广泛的实验检验，在所有涉及高速运动的科学技术领域有着广泛的应用，给人类带来了巨大的效益。广义相对论将狭义相对论推广到任意参考系，且包括了引力问题的处理，其理论基础是等效原理和广义相对性原理。同样，广义相对论也经受了严格的实验检验。广义相对论建立了引力场的新的结构定律，物理定律在广义的时空变换下保持形式不变。广义相对论最重要

▼爱因斯坦相对论手迹照片

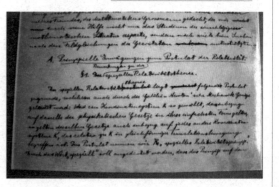

▲爱因斯坦的实验室

▲广义相对论

的应用是在宇宙学方面以及关于强引力天体（中子星、黑洞等）的结构和演化问题。天文观测证实了由广义相对论所预言出来的引力透镜和黑洞。

狭义相对论

狭义相对论是一种时空理论，主要是对牛顿时空观的改造，是从时间、空间等基本概念出发将力学和电磁学统一起来的物理理论，适用于惯性系。到19世纪末，经典物理理论已经相当完善，当时物理学界较普遍地认为物理理论已大功告成，剩下的不过是提高计算和测量的精度而已。但是某些涉及高速运动的物理现象显示了与经典理论的冲突，这些冲突使得整个经典物理理论显得很不和谐。在这些问题产生的背景下，爱因斯坦建立了狭义相对论。

狭义相对论认为运动必须有一个参考物，这个参考物就是参考系。运动不可能孤立地被描述。因为物质是在相互联系、相互作用中运动的，必须在物质的相互关系中描述运动。物质在相互作用中做永恒的运动，没有不运动的物质，也没有无物质的运动。狭义相对论认为惯性系是完全等价的。在同一惯性系中，同一物理过程的时间进程是完全相同的，如果用同一物理过程来度量时间，就可在整个惯性系中得到统一的时间。

▼爱因斯坦相对论百年纪念原图卡

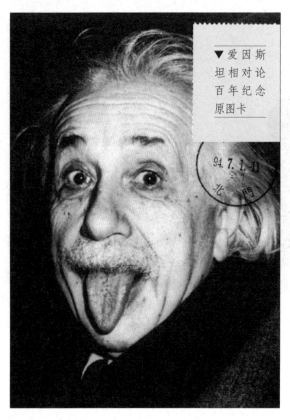

▼爱因斯坦相对论百年纪念原图卡

在同一个惯性系中，存在统一的时间，称为同时性，而相对论证明，在不同的惯性系中，却没有统一的同时性，也就是两个事件（时空点）在一个惯性系内同时，在另一个惯性系内就可能不同时，这就是同时的相对性。

广义相对论

爱因斯坦在1915年建立了广义相对论。同狭义相对论相同，广义相对论也是由一些问题所引出。引力现象是物理学广泛研究的课题，而牛顿万有引力定律的表述是超距作用的，需要将引力问题纳入而发展相对论的引力论。狭义相对论在否定绝对运动上还不够彻底，造成已知物理定律，却不知定律赖以成立的参考系的困难局面。在此基础上，爱因斯坦建立了广义相对论的理论。由于惯性系无法定义，爱因斯坦将相对性原理推广到非惯性系，提出了广义相对论的第一个原理：广义相对性原理。其内容是，所有参考系在描述自然定律时都是等效的。爱因斯坦认为时间、空间的弯曲结构取决于物质能量密度、动量密度在时间、空间中的分布，而时间、空间的弯曲结构又反过来决定物体的运动轨道。在局部惯性系内，不存在引力，一维时间和三维空间组成四维平坦的欧几里得空间；在任意参考系内，存在引力，引力引起时空弯曲，因而时空是四维弯曲的非欧黎曼空间。爱因斯坦找到了物质分布影响时空几何的引力场方程。

爱因斯坦

爱因斯坦，世界十大杰出物理学家之一，相对论的创立者，现代物理学的开创者、集大成者和奠基人。1921年，爱因斯坦获诺贝尔物理学奖，1999年被美国《时代》周刊评选为"世纪伟人"。同时，爱因斯坦也是一位著名的思想家和哲学家。

爱因斯坦1900年毕业于苏黎世联邦理工学院，1905年获苏黎世大学哲学博士学位。曾在伯尔尼专利局任职，在苏黎世工业大学、布拉格德意志大学担任教授。1913年返德国，任柏林威廉皇帝物理研究所所长和柏林洪堡大学教授，并当选为普鲁士科学院院士。1933年爱因斯坦在英国期间，被格拉斯哥大学授予荣誉法学博士学位。后因受纳粹政权迫害，迁居美国，任普林斯顿高级研究所教授，从事理论物理研究，1940年入美国国籍。

镭的发现与核能的应用

镭，是一种化学元素。它能放射出人们看不见的射线，不用借助外力，就能自然发光发热，含有很大的能量。镭的发现，引起科学和哲学的巨大变革，为人类探索原子世界的奥秘打开了大门。由于镭能用来治疗难以治愈的癌症，也给人类的健康带来了福音。所以，镭被誉为"伟大的革命者"。而铀235的核变更是可以产生无法估量的能量，既能摧毁世界，又能为人类造福。

▲居里夫人的实验室

镭的发现

发现镭元素的，是一位杰出的女科学家。她原名叫玛丽·斯可罗多夫斯卡，也就是后来为世人所熟知的居里夫人。

居里夫人1867年11月7日生于波兰。1895年在巴黎求学时，和法国科学家彼埃尔·居里结婚。1896年，法国物理学家亨利·贝克勒发现了元素放射线。但是，他只是发现了这种光线的存在，至于它的真面目，还是个谜。这引起了居里夫人极大的兴趣，激起了她童年时就具有的探险家的好奇心和勇气。

居里夫人在进一步的研究中发现，可能还有一种物质能够放射光线。这种光线要比铀放射的光线强得多。她认为，这种新的物质，也就是还未被发现的新元素，只是极少量地存在于矿物之中。为了得到镭，居里夫妇必须从沥青铀矿中分离出镭来。在一间简陋的窝棚里，居里夫人要把上千千克的沥青矿残渣，一锅锅地煮沸，还要用棍子在锅里

◀实验中的居里夫人

居里夫人的科学精神

发现镭后，居里夫人和她的丈夫决定放弃炼制镭的专利权。她认为，那是违背科学精神的。她曾经说："镭不应该使任何人发财。镭是化学元素，应该属于全世界。"居里夫人在丈夫死后，把他们几年艰苦劳动所得，价值百万法郎的镭，送给了巴黎大学实验室。后来，美国人民开展捐献运动，赠给居里夫人一克纯镭。在赠送仪式的前一天晚上，居里夫人又坚持要求修改赠送证书上的文字内容，再次声明："美国赠送我的这一克镭，应该永远属于科学，而绝不能成为我个人的私产。"

▲广岛原子弹的爆炸

不停地搅拌；要搬动很大的蒸馏瓶，把滚烫的溶液倒进倒出。就这样，经过3年零9个月锲而不舍的工作，1902年，居里夫妇终于从矿渣中提炼出0.1克镭盐，接着又初步测定了镭的原子量。1910年，居里夫人成功地分离出金属镭，分析出镭元素的各种性质，精确地测定了它的原子量。同年，居里夫人出版了她的名著《论放射性》，并出席了国际放射学理事会。会上制定了以居里名字命名的放射性单位，同时采用了居里夫人提出的镭的国际标准。

核能的应用历史

核能的发现和利用有着很长的历史。1914年，英国物理学家卢瑟福通过实验，确定氢原子核是一个正电荷单元，并称其为质子。1932年，英国物理学家查得威克发现了中子。1938年，德国科学家奥托哈恩用中子轰击铀原子核，发现了核裂变现象。在1945年之前，人类在能源利用领域只涉及物理变化和化学变化。二战时，原子弹诞生了，人类开始将核能运用于军事战场。之后人类又将核能用于能源、工业、航天等领域。美国、俄罗斯、法国、英国、以色列、日本、中国等国相继展开对核能应用前景的研究。核能将是我们可以依赖的能源——能够可靠地提供电力，保护环境，并促进经济发展。

▼秦山核电站

核能的优点与缺点

核能有很多其他能源不具有的优点：它提供了一种代替大量燃烧煤炭、石油等化石燃料的方法——使得发电对环境的影响更小，从而不会产生加重地球温室效应的二氧化碳。在核能发电的成本中，燃料费用所占的比例较低，核能发电的成本较不易受到国际经济情势的影响，故发电成本较其他发电方法更稳定。利用核能可以有效地减少石油的消耗，比如美国一年依靠核电就可以减

▲正在建设中的核电站

少将近1亿桶的原油进口量。科技的进步会促使发展更先进的核电厂，这样就可以达到投资少、建造快、运行更良好的目的。

但核能又有着一些缺点。例如，核能发电厂热效率较低，因而比一般化石燃料电厂排放更多的废热，故核能电厂的热污染较严重。并且核反应堆会产生高低阶放射性废料，使用过的核燃料如果在事故中被释放到外界环境，会对生态及民众造成伤害。所以核电厂的反应器内这些大量的放射性物质，虽然所占体积不大，但因具有放射性，故必须慎重处理。随着科学的进步，核电厂的安全性越来越高，这就给予核发电极大的应用前景。

核能的利用

核武器的利用会给世界和平带来很大的影响。人们通常所说的核武器指利用能自

▼宁德核电站外景图

切尔诺贝利核泄漏事故

1986年4月26日，切尔诺贝利核电站在进行一项实验时，4号反应堆发生爆炸。事故导致31人当场死亡，8吨多强辐射物泄漏。此次核泄漏事故使电站周围6万多平方公里土地受到直接污染，320多万人受到核辐射侵害，酿成人类和平利用核能史上的一大灾难。上万人由于放射性物质远期影响而致命或重病，至今仍有受放射线影响而导致畸形胎儿出生的情况。这是有史以来最严重的核事故。事故发生后，前苏联政府和人民采取了一系列善后措施，清除、掩埋了大量污染物，为发生爆炸的4号反应堆建起了钢筋水泥"石棺"，并恢复了另3个发电机组的生产。此外，离核电站30公里以内的地区还被辟为隔离区，很多人称这一区域为"死亡区"。外泄的辐射尘随着大气飘散到前苏联的西部地区、东欧地区、北欧的斯堪的纳维亚半岛。乌克兰、白俄罗斯、俄罗斯受污染最为严重，由于风向的关系，据估计约有60%的放射性物质落在白俄罗斯的土地。2005年一份国际原子能机构的报告认为直到当时有56人丧生，47名核电站工人及9名儿童患上甲状腺癌，并估计大约4000人最终将会因这次意外所带来的疾病而死亡。到目前为止，事故后的长期影响仍是个未知数。

▼中国原子弹试验成功

行维持原子核裂变或聚变链式反应瞬间释放的能量产生爆炸作用，并具有大规模杀伤破坏效应的武器，即利用原子核的裂变或聚变所产生的巨大能量和破坏力制造的具有巨大杀伤力的武器。由于核武器投射工具准确性的提高，自20世纪60年代以来，核武器的发展表现在核武器尺寸大幅度减小，但仍保持一定的威力，也就是比威力（威力与重量的比值）有了显著提高。到目前为止，由于核武器本身的发展，多种投射、运载工具的发展与应用，以及拥有通过上千次核试验所积累的知识，所以即便核武器的实战应用仍限于它问世时的两颗原子弹，但人们对其特有的杀伤破坏作用已有较深的认识，并探讨出实战应用的可能方式。很多国家都签署了限制核武器使用的条约，共同维护世界的和平。

　　和平利用核能于其他领域将给人类带来很多的便利。最显著的例子就是核能发电。核能发电的能量来自核反应堆中可裂变材料（核燃料）进行裂变反应所释放的裂变能。裂变反应指铀 -233、钚 -239、铀 -235 等重元素在中子作用下分裂为两个碎片，同时放出中子和大量能量的过程。核发电的过程是核能→水和水蒸气的内能→发电机转子的机械能→电能。实现链式反应是核能发电的前提。链式裂变反应指在裂变反应中，可裂变物的原子核吸收一个中子后发生裂变并放出两三个中子。若这些中子除去消耗，至少有一个中子能引起另一个原子核裂变，使裂变持续地进行，进而促使核发电的持续进行。中国核电事业起步较晚，上世纪 80 年代才动工兴建核电站。中国自行设计建造的 30 万千瓦（电）秦山核电站在 1991 年底投入运行。大亚湾核电站也于 1994 年全部并网发电，带给人们更多的便利。

　　中国已经研制出了核武器，但中国的核武器只是用于防卫，是为了促进世界的和平。核能事业在保证国防安全的同时，也进入了和平利用时期，履行更为民用化的使命。

　　那么核能开发的原料从哪里获得呢？目前人们开发核能的途径有两条：一是轻元素的聚变，如氘、氚、锂等；二是重元素的裂变，如铀的裂变。重元素的裂变技术已得到实际性的应用；而轻元素聚变技术也正在积极研制之中。在陆地上这些元素的储藏量并不丰富，且分布极不均匀。但在海洋中都有相当巨大的储藏量。所以从 20 世纪 60 年代起，日本、德国、英国等先后着手研究从海水中提取铀，并且逐渐建立了从海水中提取铀的多种方法。相信海洋所拥有的丰富资源会逐渐地得到人类更多的利用。

▶核电站

弗洛伊德的性心理学

性心理学是心理科学的分支学科之一，是以心理学的观点、理论和方法研究人类性行为与性文明的发展历程，研究人类的性生理发育、性心理发展、性别角色社会化过程以及婚姻、家庭与性卫生、性健康等。弗洛伊德的性心理学理论有着划时代的意义，他揭示了性与人类其他行为的内在关系，自成一个理论体系，对心理学的发展产生了相当深远的影响。

揭开性心理学的面纱

性心理学一般采用心理学的理论和方法，研究人类的性心理发展、性别角色社会化过程以及性健康等。人类有些异常心理和行为，可以通过性心理咨询和性心理行为治疗得以解决。人类的性活动绝不仅仅是生物的本能反应，它包含着丰富的心理活动，并受着社会的制约。这是人类性活动区别于动物的根本点。

性心理是隐藏得最神秘的心理因素。在正常生活中，在常态心理中，我们只能看到被意识控制和加工了的性心理，例如体现在男女间正常恋爱中的那些爱情心理。这些正常的性心理只是人的性心理的一个很小的部分；而且，这是经意识和"超我"（社会力量，如道德规范的约束力等等）改造了的部分，它远不能代表真正的"性动力"的本来面目，更不能由此看出早已消逝的、童年的性欲。

◀异性的相互吸引

▼弗洛伊德像

弗洛伊德"性与精神病的关系"

早在 19 世纪 90 年代与布洛伊尔教授共同研究歇斯底里症的时候，弗洛伊德就已经初步发现精神病与性的关系。通过经验的累积，他知道在精神病现象的背后，并非任意一种情绪激奋在作祟，而通常是因为早年的性经验，或新近的性冲突所引起的。经他认定，神经机能病几乎毫无例外地都是一种性机能障碍，性是开启心理病难题之门的钥匙。轻视此钥匙的人绝不能开启那扇门。由于发现了性因素在神经质疾病中的重要作用，弗洛伊德在建立潜意识理论的过程中找到了重心。

弗洛伊德的精神分析体系中最引人关注的就是他对性的极端化。但我们不能从一般概念理解他提出的"里比多"。但性确实是一种行为动机。例如，你长大了，性能量发挥作用，你在生活中便会去想象如何与异性交往。如果没有性的推动，谁会去主动在异性面前展示自己呢。再具体一些，如果周六你本有打算，但听说你心仪的女孩子要去某个地方，很可能你就改变了你的计划，而去她去的地方。这就是性的原因。从某种意义上说，性是一切行动的来源，也有一定道理，特别是在性能量无处释放的时候。

性的发展

弗洛伊德认为，性的发展在人的一生中经历以下三个主要时期。

第一时期：从婴儿到 5 岁。这是最重要的时期，因为它为往后性的发展打下了基础和确立了方向。

▲弗洛伊德与病人

▼性在夫妻关系中具有重要位置

第二时期：从 5 岁到 12 岁的儿童时期。在这一时期，儿童的性欲进入潜伏期。原先粗野的、赤裸裸的性行为开始长时间地沉寂下来，停止发展。这时候，儿童的"自我"继续显著地发展起来，并开始学会以"自我"控制"原我"，使之慢慢地适应周围世界的客观条件。

第三时期：青春发动期，约 12 岁到 18 岁期间。这时，幼年时期的性冲动全面地复活了，性生活的新流沿着早期发展的途径向前推进。弗洛伊德说："青春期的开始带来了新的变化，幼儿的性生活改头换面，终于成为习见的常态样式。"

以上是个人性欲发展的历程。但有时在性的发展中，也会遇到阻力，因而会发生发展不协调甚至变态的状况。

弗洛伊德的研究显然是独树一帜的。他为人们提出了值得深思的启示。因此，尽管他的科学成果在发表后的相当长时间内一直被人们激烈地争论着，但确实有助于人们把目光转向童年中去。正是在他的鼓舞下，20 世纪的哲学、心理学和其他科学才越来越注意童年的心理。

从动物的性本能到人类的性心理

心理现象有一个从动物到人类的发生发展过程。一般认为，动物的性行为是一种本能活动，主要受性激素水平的调整。也就是说，生理反应占主要地位。动物的性心理活动，则处在萌芽阶段，可简单归纳如下。

1. 动物的性心理停留在低级心理阶段，主要形式是感觉活动，如嗅觉、触觉、听觉等在性行为中的体现。虽然一些高等动物如恒河猴、黑猩猩等，已出现了较高层次的性心理活动，但并没有反映在思维活动上。

2. 动物的性心理是对性行为的本能反映，没有自觉和主动的性心理活动。

3. 动物的性心理与季节的关系密切，有一定的季节限制和性周期的制约。

从动物的性本能到人类的性心理有一个漫长的发展过程。人类的性心理也经历了由原始人到现代人的发展。就个体而言，从出生、成长，到成熟、衰老，性心理也有一个发展过程。性心理活动受着社会因素和文化因素的影响，这就为性心理学的产生奠定了基础。

▼动物在异性之间也有亲密关系

钟表使我们掌握了时间

钟表的出现，使得人们对于时间这个概念有了一个明确的把握和计量手段。从钟表的出现开始，人们掌握了时间。

▲挂在墙上的钟表

钟表的概述

钟表指计量和指示时间的精密仪器，是钟和表的统称。钟的机芯直径一般大于 50 毫米，厚度一般大于 12 毫米。通常置于某个位置使用。现代也存在一些小型钟，并不符合上述标准。怀表的标准为直径 37 ~ 50 毫米、厚度 4 ~ 6 毫米；手表直径在 37 毫米以下，手表是人类所发明的坚固、精密的机械之一；女表最为小巧：直径不大于 20 毫米或机心面积不大于 314 平方毫米。现代钟表的原动力有电力和机械力两种。电子钟表是一种以电能为动力，液晶显示数字式和石英指针式的计时器；机械钟表是一种用重锤或弹簧的释放能量为动力，推动一系列齿轮运转，借擒纵调速器调节轮系转速，以指针指示时刻和计量时间的计时器。机械钟表的工作原理基本相同，都是由原动系、传动系、擒纵调速器、指针系和上条拨针系等部分组成。利用发条作为动力的原动系，经过一组齿轮组成的传动系来推动擒纵调速器工作；再由擒纵调速器反过来控制传动系的转速；传动系在推动擒纵调速器的同时还带动指针机构，传动系的转速受控于擒纵调速器，所以指针能按一定的规律在表盘上指示时刻；上条拨针系是上紧发条或拨动指针的机件。钟表最重要的作用就是表示时间，因此钟表的精确度就很重要。钟表的一些内部因素包括各组成系统的结构设计、工作性能、选用材料、加工工艺和装配质量等，和外界环境条件包括温度、磁场、湿度、气压、震动、碰撞、使用位置等会影响钟表的走时精度。

▶钟表

中国钟表的发展

中国祖先最早发明了用土和石片刻制成的"土圭"与"日规"两种计时器，成为世界上最早发明计时器的国家之一。到了铜器时代，计时器又有了新的发展，用青铜制的"漏壶"取代了"土圭"与"日规"。东汉元初四年，张衡发明了世界上第一架"水运浑象"，此后唐高僧一行等人又在此基础上借鉴、改进，发明了"水运浑天仪""水运仪象台"。至元明之时，计时器摆脱了天文仪器的结构形式，得到了突破性的新发展。元初郭守敬、明初詹希元创制了"大明灯漏"与"五轮沙漏"，采用机械结构，并增添盘、针来指示时间。

钟表的历史

在最初原始人的时期，由于科技的不发达，原始人只能通过对自然现象的观察来判断时间。例如：天空颜色的变化和太阳的光度。后来古代的中国人发明了以水计时的工具——铜壶滴漏。东汉张衡制造漏水转浑天仪，用齿轮系统把浑象和计时漏壶联结起来，漏壶滴水推动浑象均匀地旋转，一天刚好转一周，这是中国最早出现的机械钟。还有一种烧香计时，将香横放，上面放上连有钢珠的绳子，有报时功能。在西方的古埃及人发现影子长度会随时间改变，由此发明了日晷在早上用来计时，发现水的流动需要的时间是固定的，由此发明了水钟。

这些是最原始意义上的计算时间的工具。真正意义上的钟表出现在13世纪。1283年在英格兰的修道院出现史上首座以砝码带动的机械钟；1350年，意大利的丹蒂制造出第一台结构简单的机械打点塔钟，日差为15～30分钟，指示机构只有时针；16世纪中期在德国开始有桌上的钟。那些钟只有一支针，钟面分成四部分，使时间准确至最近的15分钟。1657年，惠更斯发现摆的频率可以计算时间，造出了第一个摆钟。1670年英国人威廉·克莱门特发明锚形擒纵器。1695年，英国的汤姆平发明工字轮擒纵机构；1715年，英国的格雷厄姆又发明了静止式擒纵机构，弥补了后退式擒纵机构的不足，为发展精密机械钟表打下了基础；1797

▶机械钟表

年，美国人伊莱·特里获得一个钟的专利权。至此，钟表真正的产生了。

▲手表

钟表的分类

　　钟表按照不同的标准可以有不同的分类。按产生周期性振动的原理分类，可分为频率较低的机械振动钟，如摆轮游丝式机械钟、摆锤式机械钟等；频率稍高的普通电磁振动钟，如音叉钟、交流同步电钟、晶体管钟等；频率较高的石英振荡钟，如各种石英电子钟；频率更高的原子振荡钟，如铯原子钟。1967年，国际度量衡委员会决定，以铯原子钟的原子时的秒长，作为时间计量标准。按能源和结构特点分类，可分为机械钟、电机械钟、交流同步电钟、电子钟、光电钟、温差钟等。按用途分类，可分为生活用钟和专用钟（或称技术用钟）两大类。这些只是钟表的一些基本分类。随着科技和社会的发展，钟表也在一直不断地发展。

◀机械手表

电话改变了人类的通讯模式

　　电话，是通过电信号双向传输话音的设备。它给人们的工作和生活带来了许多方便。它使人类有效地及时沟通，距离从数百米之间，理论上一下子可以延伸到世界的任何两个角落之间。假如有一天没有电话，人们将会感到多么的不习惯。

远距离即时通讯的发明

　　欧洲对于远距离传送声音的研究始于 17 世纪。英国著名的物理学家和化学家罗伯特·胡克首先提出了远距离传送话音的建议。1796 年，休斯提出了用话筒接力传送语音信息的办法，并且把这种通信方式称为 Telephone，并一直延用至今。

　　1832 年，美国医生杰克逊在大西洋中航行的一艘邮船上，给旅客们讲电磁铁原理，旅客中 41 岁的美国画家莫尔斯被深深地吸引住了。当时法国的信号机体系只能凭视力所及传讯数英里，莫尔斯梦想着用电流传输电磁信号，瞬息之间把消息传送到数千英里之外。从此以后，莫尔斯的生活发生了根本的转变。

　　莫尔斯从在电线中流动的电流在电线突然截止时会迸出火花这一事实得到启发：如果将电流截止片刻发出火花作为一种信号，电流接通而没有火花作为另一种信号，电流接通时间加长又作为一种信号，这三种信号组合起来，就可以代表全部的字母和数字，文字就可以通过电流在电线中传到远处了。1837年，莫尔斯终于设计出了著名的莫尔斯电码，它是利用"点"、"划"和"间隔"的不同组合来表示字母、数字、标点和符号。1844 年 5 月 24 日，在华盛顿国会大厦联邦最高法院会议厅里，莫尔斯亲手操纵着电报机，随着一连串的"点""划"信号的发出，远在 64 公里外的巴尔的摩城收到由"嘀""嗒"声组成的世界上第一份电报。

◀电话发明以前远距离沟通信号

▲贝尔发明的早期电话

电话的发明

在电话发明以前，人们异地联系的主要方式是发送电报。但发电报不仅手续麻烦，而且也不能进行及时的双向信息交流。因此，人们开始探索一种能直接传送人类声音的通信方式。目前，大家公认的电话发明人是贝尔，他是在 1876 年 2 月 14 日在美国专利局申请电话专利权的。其实，就在他提出申请两小时之后，一个名叫 E·格雷的人也申请了电话专利权。在他们两个之前，欧洲已经有很多人在进行这方面的设想和研究。早在 1854 年，电话原理就已由法国人鲍萨尔设想出来了，6 年之后德国人赖伊斯又重复了这个设想。

▼早期的电话

最初，贝尔用电磁开关来形成一开一闭的脉冲信号，但是对于声波这样高的频率，这个方法显然是行不通的。贝尔在为聋哑人设计助听器的过程中，发现电流导通和停止的瞬间，螺旋线圈发出了噪声，这一发现使他突发奇想：用电流的强弱来模拟声音大小的变化，从而用电流传送声音。最后的成功源于一个偶然的发现，1875 年 6 月 2 日，在一次试验中，他把金属片连接在电磁开关上，没想到在这种状态下，声音奇妙地变成了电流。以后，电话进入了人们的生活领域。分析原理，原来是由于金属片因声音而振动，在其相连的电磁开关线圈中产生了电流。现在看来，这一原理非常普遍，但是那个时候这对于贝尔来说无疑是非常重要的发现。

电话的工作原理

电话通信是通过声能与电能相互转换、并利用"电"这个媒介来传输语言的一种通信技术。两个用户要进行通信，最简单的形式就是将两部电话机用一对线路连接起来。

当发话者拿起电话机对着送话器讲话时，声带的振动使空气振动，形成声波。声波作用于送话器上，使之产生电流，这被称为话音电流。话音电流沿着线路传送到对方电话机的受话器内。而受话器的作用与送话器刚好相反——把电流转化为声波，通过空气传至人的耳朵中。

这样，就完成了最简单的通话过程。

电话技术的发展

在电话发明后的几十年里，围绕着电话的经营、技术等问题，大量的专利被申请，自动拨号系统减少了人工接线带来的种种问题，干电池的应用缩小了电话的体积，装载线圈的应用减少了长距离传输的信号损失。1906 年，Lee De 发明了电子试管，它的扩音功能领导了电话服务的方向。后来贝尔电话实验室据此制成了电子三极管，这项研究具有重大意义。1915 年 1 月 25 日，第一条跨区电话线在纽约和旧金山之间开通。它使用了 2500 吨铜丝，13 万根电线杆和无数的装载线圈，沿途使用了 3 部真空管扩音机来加强信号。1948 年 7 月 1 日，贝尔实验室的科学家发明了晶体管。这不仅仅对于电话发展有重大意义，而且对于人类生活的各个方面都有巨大的影响。其后几十年里，又有大量新技术出现，例如集成电路的生产和光纤的应用，这些都对通信系统的发展起了非常重要的作用。

电话在中国

鸦片战争后，西方列强在中国掠夺土地和财富的同时，也为中国带来了近代的邮政和电信。1900 年，我国第一部市内电话在南京问世；1904 年至 1905 年，俄国在烟台至牛庄架设

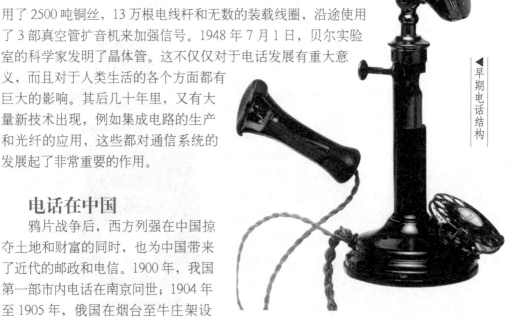

▲早期电话结构

了无线电台。中国古老的邮驿制度和民间通信机构被先进的邮政和电信逐步替代。

中华民国时期，中国的邮电通信仍然在西方列强的控制中。加上连年战乱，通信设施经常遭到破坏。抗战时期，日本帝国主义出于战争需要和企图长期统治中国的目的，改造和扩建了电信网络体系，他们利用当时中国经济、技术的落后和政治制度的腐败，在技术、设备、维修、管理等方面对中国的通信事业进行控制。

1949 年以前，中国电信系统发展缓慢，到 1949 年，中国电话的普及率仅为 0.05%，电话用户只有 26 万。

1949 以后，中央人民政府迅速恢复和发展通信。1958 年建起来的北京电报大楼成为新中国通讯发展史的一个重要里程碑。十年"文革"，邮电再次遭受打击，一直亏损，业务发展停滞。到 1978 年，全国电话普及率仅为 0.38%，不及世界水平的 1/10，占世界 1/5 人口的中国拥有的话机总数还不到世界话机总数的 1%，每 200 人中拥有话机还不到一部，比美国落后 75 年！交换机自动化比重低，大部分县城、农村仍在使用"摇把子"，

▲早期人们使用电话通讯

长途传输主要靠明线和模拟微波，即使在北京每天也有 20% 的长途电话打不通，15% 的要在 1 小时后才能接通。在电报大楼打电话的人还要带着午饭去排队。

1978 年，全国电话容量 359 万门，用户 214 万，普及率 0.43%。

改革开放后，落后的通信网络成为经济发展的瓶颈，自 20 世纪 80 年代中期以来，中国政府加快了基础电信设施的建设，到 2003 年 3 月，固定电话用户数达 22562.6 万，移动电话用户数达 22149.1 万。

古今中外，多少人曾经为了更快更好地传递信息而努力，在电信发展的一百多年时间里，人们尝试了各种通信方式：最初的电报采用了类似"数字"的表达方式传送信息；其后以模拟信号传输信息的电话出现了；随着技术的进步，数字方式以其明显的优越性再次得到重视，数字程控交换机、数字移动电话、光纤数字传输……历史的车轮还在前进。

日心说让人类更了解宇宙

宇宙的中心究竟是什么？这是一个让人类争论了很久的问题。在最初，人类始终坚信地球是宇宙的中心。这和当时科技的不发达，人类眼界过窄有关。随着科学知识的发展，人类终于发现原来的认识是错误的，转而认为太阳是宇宙的中心。这一学说的确立，让人类加深了对宇宙的了解。

▲哥白尼

日心说的含义

日心说，也称为地动说，是关于天体运动的和地心说相对立的学说，它认为太阳是宇宙的中心，而不是地球。日心说由哥白尼提出，日心说的提出推翻了长期以来居于统治地位的地心说，实现了天文学的根本变革。关于天体运动哥白尼主要有以下学说。他规定地球有三种运动：一种是在地轴上的周日自转运动；一种是环绕太阳的周年运动；一种是用以解释二分岁差的地轴的回转运动。同时，哥白尼在他的《天体运行论》一书中认为天体运动必须满足以下 7 点：①不存在一个所有天体轨道或天体的共同的中心；②地球只是引力中心和月球轨道的中心，并不是宇宙的中心；③所有天体都绕太阳运转，宇宙的中心在太阳附近；④地球到太阳的距离同天穹高度之比是微不足道的；⑤在天空中看到的任何运动，都是地球运动引起的；⑥在空中看到的太阳运动的一切现象，都不是它本身运动产生的，而是地球运动引起的，地球同时进行着几种运动；⑦人们看到的行星向前和向后运动，是由于地球运动引起的。

哥白尼的日心说产生最大的意义不在于指出宇宙的中心是太阳，而在于提出了宇宙论原理的精神，也被称为哥白尼精神，这种精神认为地球在宇宙中没有任何特殊地位，只是一颗普通的星球。

◀围绕太阳公转的几大行星

日心说出现前占主导地位的地心说

在日心说出现以前，地心说占主导地位。由于古代人缺乏足够的宇宙观测数据，以及怀着以人为中心的观念，因此他们误认为地球就是宇宙的中心，而其他的星体都是绕着地球而运行的。地心说（或称天动说），正是这样一种认为其他的星球都环绕着地球而运行，地球是宇宙的中心的一种学说。古希腊的托勒密发展完善了地心说，且提出了本轮的理论用来解释某些行星的逆行现象，即这些星体除了绕地轨道外，还会沿着一些小轨道运转。后来，天主教教会接纳此为世界观的"正统理论"。从 13 世纪到 17 世纪左右，人类住在半球形的世界中心的世界观。成为天主教教会公认的世界观。地心说是人类对宇宙认识的一大进步，因为地心说承认地球是"球形"的，并把行星从恒星中区别出来，着眼于探索和揭示行星的运动规律。尽管地心说把地球当作宇宙中心是错误的，但是地心说建立起了世界上第一个行星体系模型。

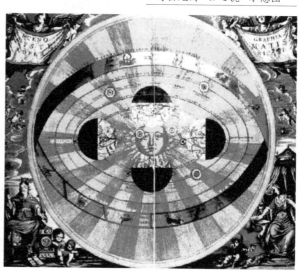

▼哥白尼的"日心说"示意图

日心说与哥白尼

在 15 世纪时，人们普遍相信 1500 多年前希腊科学家托勒密创立的宇宙模式即地心说。托勒密认为地球是宇宙的中心且静止不动，日、月、行星和恒星均围绕地球

对《天体运行论》的评价

恩格斯：自然科学借以宣布其独立并且好像是重演路德焚烧教谕的革命行为，便是哥白尼那本不朽著作的出版，他用这本书（虽然是胆怯的）来向自然事物方面的教会权威挑战，从此自然科学便开始从神学中解放出来。

海森伯：今天，我们甚至可以以更极端的形式说，"静止"一词是由地球静止着这个陈述来定义的，并且我们把相对于地球是不动的每一物体描述为静止的。如果对"静止"一词作如此理解——而这是普遍接受的意义——那么，托勒密是对的，哥白尼却错了。

聂文涛：这是对天体进行的一次完全的数学研究，或者称为纯粹的逻辑运算。哥白尼在《天体运行论》开篇就说："不懂几何者禁止入内。"人类每一次最具有革命意义的进步，都是依靠科学家深邃的思考和逻辑运算，而所谓的观察则大多数只是对逻辑的检验。所以，调查统计的说服力是非常有限的。人类应该恢复对智力的信心而不仅仅是眼睛。

运动，而恒星远离地球，位于太空这个巨型球体之外。但是许多数据和观测结果表明行星运行规律与托勒密的宇宙模式并不十分吻合。哥白尼逐渐对这一学说产生了怀疑，而后在长达近 20 年的时间里，哥白尼不辞辛劳日夜测量行星的位置，试图重新得到一个结论。但其测量获得的结果仍然与托勒密的天体运行模式没有多少差别。哥白尼开始转变思维来分析这些数据，他惊喜地发现太阳的周年变化始终不明显。这意味着地球和太阳的距离始终没有改变。如果地球不是宇宙的中心，那么宇宙的中心就是太阳。由此他联想到如果把太阳放在宇宙的中心位置，那么地球就该绕着太阳运行。以这种假设为基础，哥白尼在 1506—1515 年间写成了"太阳中心学说"的提纲——《试论天体运行的假设》，但是由于害怕教会的惩罚，哥白尼在世时并不敢公开他的发现。《试论天体运行的假设》直到 1543 年他临终时才出版，并且引起了轩然大波，直到 60 年后，这一学说最终被另外两位科学家约翰·开普勒和伽利略·伽利雷证明是正确的。

▶美丽的星空

飞机改变了世界

飞机的发明不仅使人们的旅程时间大大缩减，也使航空运输业得到了空前发展，许多工业发展所需的种种原料拥有了新的来源和渠道，大大减轻了人们对当地自然资源的依赖程度。特别是超音速飞机诞生以后，空中运输更加兴旺。那些不宜长时间运输的牲畜和难以长期保存的美味食品，也可以乘坐飞机

▲最初设计的飞机

跨越五湖四海，给世界各地的人们共赏共享。当年连贵妃娘娘都不易品尝的岭南荔枝，如今也出现在寻常百姓的家中了。飞机是如何诞生的？它给人们带来了哪些好处？有什么样的用途呢？

飞机试飞成功

在 19 世纪后半叶，很多人都开始制造并试飞飞机。其中最著名的是奥托·李林塔尔试飞滑翔机成功，虽然他制造的机器并不能称为真正意义上的飞机，但给了渴望制造飞机的人们很大希望，可惜他在 1896 年试飞时失事。

世界上（不包括俄罗斯）公认是美国的莱特兄弟进行了人类历史上第一次有动力的飞行，因而也认为美国的莱特兄弟是飞机的发明人。

美国的莱特兄弟在 1903 年制造出了第一架依靠自身动力进行载人飞行的飞机"飞行者"1 号，这架飞机的翼展为 13.2 米，升降舵在前，方向舵在后，两副两叶推进螺

▼早期的实用飞机

微型无人驾驶飞机

在水资源持续短缺和气象灾害频发的背景下，人工增雨的发展前景非常广阔。我国研制成功了用于人工增雨的微型无人驾驶飞机，它的机身有1米多长，两边的机翼长度加起来也只有两米左右，看起来就像人们玩儿的飞机模型。但它的作用却威力无比，可以"呼风唤雨"。这种飞机一次可飞行4～12公里，从起飞到完成人工增雨的全过程大约需要几十分钟。飞行前工作人员会通过计算机给飞机上的机载控制系统设置航线，遥控起飞后还可以直接转入由机载控制系统自动控制，飞机可以按照预定的航线轨迹飞行，也可以按照遥控终端发出的指令随时修改飞行路线和方向。

这种飞机装备了机载碘化银催化剂播撒装置和探测装置，以及与之相配套的地面监视控制。一次作业可向空中播撒1千克碘化银，相当于发射两枚增雨火箭弹。完成作业后，飞机将打开降落伞，降落在指定地点。这也标志着人工增雨工作已进入一个新的阶段。

旋桨由链条传动，着陆装置为滑橇式，装有一台70千克重、功率为8.8千瓦的四缸发动机。这架航空史上著名的飞机，现在陈列在美国华盛顿航空航天博物馆内。

1903年12月14日至17日，"飞行者"1号进行第4次试飞，地点在美国北卡罗莱纳州基蒂霍克的一片沙丘上。第一次试飞由奥维尔·莱特驾驶，共飞行了36米，留空12秒。第四次由威尔伯·莱特驾驶，共飞行了260米，留空59秒。1906年，他们的飞机在美国获得专利发明权。

经过近100年的发展，现代飞机已在外形、性能等多方面较莱特兄弟研制的飞机发生了重大改变，它集中应用了力学、热力学、喷气推进、计算机、真空技术等许多工程技术的新成就，不仅使飞行速度超过了音速，还使飞机的目标捕获、识别和跟踪、自动控制、全天候飞行及通信、导航等多方面性能大大增强。

飞机在人类生活中起到了很大作用

我国是世界上气象灾害很多的国家之一，气象灾害造成的损失约占各种自然灾害损失的70%以上，频繁发生的干旱、雹灾和洪涝灾害给农业生产和人民生活造成巨大损失。

40年来，人工增雨为农业抗旱、增加水资源、森林灭火、生态建设等作出了重要贡献。

▼现代飞机

▶早期的空军飞机

▲现代直升机

飞机已成为当今世界不可缺少的交通工具。飞机还广泛应用于工业、农业、救护、体育等多个领域，如大地测绘、地质勘探、资源调查、播种施肥、森林防火等。

飞机在军事上所起到的作用

飞机的发明在一定程度上改变了20世纪的人类历史，尤其在战争中起到了至关重要的作用。发明没多久，飞机便开始广泛应用于军事领域，执行侦察、轰炸、运输等多项军事任务。如今，它已成为掌握制空权甚至左右战争全局的关键。军用飞机的分类也更细，如歼击机、截击机、强击机、轰炸机、反潜机、侦察机、预警机、电子干扰机、空中加油机、舰载飞机及军用运输机。

飞机产业的发展，能够带动许多高科技行业的发展，尤其是带动一个国家军事力量和国防力量的发展。飞机产业的发展与战斗机的发展关联很大，因为能够带来技术的进步，人才队伍的壮大。

随着航空技术的不断发展和飞机性能的不断完善，军用飞机的用途分类界限越来越模糊，一种飞机完全可能同时执行两种以上的军事任务，如美国的F-117战斗轰炸机，既可以实施对地攻击，又可以进行轰炸，还有一定的空中格斗能力。

电子设备飞机

在人类向地球深处进军时，飞机也被广泛应用于地质勘探。人们使用装备了照相机或者一种被称为肖兰系统的电子设备的飞机，可以迅速、准确地对广大地区，包括险峻而难以到达的地方进行测绘。把空中拍摄的照片一张张拼接起来，就可以绘制出极好的地形图。这比古老的测绘方式要简便易行得多。就连冰天雪地、人迹罕至，一度只是探险人员涉足的北极和南极，现在乘坐飞机也可以毫不困难地到达。

DNA 与克隆技术

DNA 技术在生活中有很多的应用。我们了解最多的就是亲子鉴定。而且大家已经知道 DNA 的技术让我们成为这个世界中的唯一的自己，我们了解到自己的与众不同。而目前，人类已经能够根据生物个体的遗传基因对其进行克隆。

什么是 DNA

我们觉得对 DNA 很不陌生，但什么是 DNA 呢？DNA（为英文 Deoxyribonucleic acid 的缩写），又称脱氧核糖核酸，是染色体的主要化学成分，同时也是组成基因的材料。在繁殖过程中，父代把它们自己 DNA 的一部分（通常一半，即 DNA 双链中的一条）复制传递到子代中，从而完成性状的传播。因此，化学物质 DNA 会被称为"遗传微粒"。原核细胞的拟核是一个长 DNA 分子。真核细胞核中有不止一个染色体，每条染色体上含有一个或两个 DNA。不过它们一般比原核细胞中的 DNA 分子大，而且和蛋白质结合在一起，可组成遗传指令，以引导生物发育与生命机能运作。主要功能是长期性的资讯储存，可比喻为"蓝图"或"食谱"。其中包含的指令，是建构细胞内其他的化合物，如蛋白质与 RNA 所需。带有遗传信息的 DNA 片段被称为基因，其他的 DNA 序列，有些直接以自身构造发挥作用，有些则参与调控遗传信息的表现。那么 DNA 又是如何被发现的呢？

DNA 双螺旋结构的分子模型的发现

说到 DNA，就必须得提到 50 多年前发现 DNA 双螺旋结构的功臣——剑桥大学的两位年轻的科学家弗朗西斯·克里克和詹姆斯·沃森。1953 年，他们步入老鹰酒吧宣布他们的发现：DNA 是由两条核苷酸链组成的双螺旋结构。

▲ DNA 的双螺旋结构模型

▼ DNA 让我们与众不同

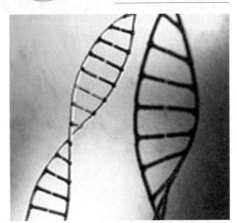

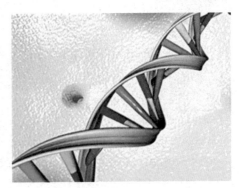

▲ DNA 与 RNA

我们来看看他们的发现历程。早在 1868 年，人们就已经发现了核酸，蛋白质的发现比核酸早 30 年。进入 20 世纪时，组成蛋白质的 20 种氨基酸中已有 12 种被发现，到 1940 年则全部被发现。沃森在英国剑桥大学卡文迪什实验室学习，在此期间沃森认识了克里克。他们都认为 DNA 比蛋白质更重要。两个人讨论学术问题，相互激发出对方的

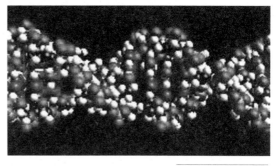

▲ DNA 的氢化合键

灵感。他们认为解决 DNA 分子结构是打开遗传之谜的关键。只有借助于精确的 X 射线衍射资料，才能更快地弄清 DNA 的结构。他们与威尔金斯交谈，并使威尔金斯接受了 DNA 结构是螺旋形的观点。从 1951 年 11 月至 1953 年 4 月的 18 个月中，沃森、克里克同威尔金斯、富兰克林（1920—1958，女）之间有过几次重要的学术交往。之后他们深受启发，具有一定晶体结构分析知识的沃森和克里克认识到，要想很快建立 DNA 结构模型，只能利用别人的分析数据。经过紧张连续的工作，他们很快就完成了 DNA 金属模型的组装。在这模型中，DNA 由两条核苷酸链组成，它们以相反方向沿着中心轴相互缠绕在一起，很像一座螺旋形的楼梯，两侧扶手是两条多核苷酸链的糖——磷基因交替结合的骨架，而踏板就是碱基对。为了验证正确与否，他们需要把根据这个模型预测出的衍射图与 X 射线的实验数据作一番认真的比较。不到两天工夫，威尔金斯和富兰克林就用 X 射线数据分析证实了双螺旋结构模型是正确的。他们因此与伦敦国家工学院的物理学家弗雷德里克·威尔金斯共享了 1962 年的诺贝尔生理学或医学奖。DNA 双螺旋结构的分子模型从而得以发现。

DNA 双螺旋结构的分子模型发现的意义

沃森和克里克的发现在当时产生了很大反响。DNA 双螺旋模型认为，必须由两股核苷酸碱基的任意排列顺序，来决定高度有序的 DNA 三维结构。它由两条右旋但反向的链绕同一个轴盘旋而成，活像一个螺旋形的梯子，生命的遗传密码就刻在梯子的横档上。这个模型为破译生物的遗传密码提供了依据，促进了遗传工程学的出现。这引发了一门叫"分子生物学"的新科

▼ DNA 示意图

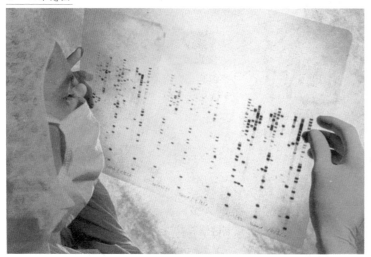

学的诞生。此后用人工的方法将生物体内的DNA分离出来，经重新组合搭配后，再放回生物体内，创造新的品种，成为上个世纪下半叶最活跃的领域。之后的科学研究会展现这一发现的更广泛的应用，将对我们的生活产生更深刻的影响。

DNA 技术的应用

DNA技术在生活中有很多的应用，比如亲子鉴定身份识别等。DNA鉴定在发达国家还被广泛用于其他的身份识别，具有不可替代的精确性：如克林顿"拉链门事件"中的证据确定以及9·11恐怖袭击后罹难者的身份辨认等。DNA检验技术在侦查工作中应用越来越普遍，为侦破案件提供了支持，也为打击犯罪提供了强有力的刑事证据。使用一定仪器，可从生物检材中检验出人体的DNA成分，用于嫌疑人识别。生物检材包括血液、毛发、牙齿、骨骼、指甲、脏器、唾液、精液、乳汁、汗液、尿液、粪便和呕吐物等。

克隆技术的早期研究过程

克隆是英文"clone"一词的音译，其本身的含义是无性繁殖，是利用生物技术由无性生殖产生与原个体有完全相同基因组之后代的过程，即由同一个祖先细胞分裂繁殖而形成的纯细胞系，该细胞系中每个细胞的基因彼此相同。科学家把人工遗传操作动物繁殖的过程叫克隆，把这门生物技术叫克隆技术。

克隆技术有着很长的研究过程。在现代生物学中被称为"生物放大技术"，它已

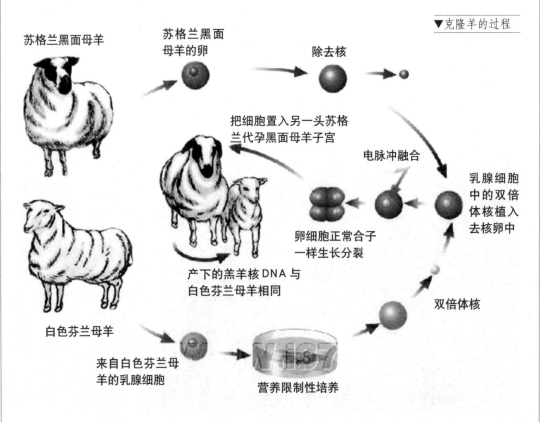

▼克隆羊的过程

苏格兰黑面母羊

苏格兰黑面母羊的卵

除去核

把细胞置入另一头苏格兰代孕黑面母羊子宫

电脉冲融合

乳腺细胞中的双倍体核植入去核卵中

卵细胞正常合子一样生长分裂

产下的羔羊核DNA与白色芬兰母羊相同

双倍体核

白色芬兰母羊

来自白色芬兰母羊的乳腺细胞

营养限制性培养

经历了三个发展时期：第一个时期是用一个细菌很快复制出成千上万和它一模一样的细菌，而变成一个细菌群，即微生物克隆；第二个时期是生物技术克隆，比如用遗传基因DNA克隆；第三个时期是由一个细胞克隆成一个动物，即动物克隆。在1997年2月英国罗斯林研究所维尔穆特博士科研组公布体细胞克隆羊"多莉"培育成功之前，胚胎细胞核移植技术已经有了很大的发展。

克隆技术的研究成果

目前已经有很多的克隆动物问世，比如猕猴、猪、牛、鼠、兔、马、狗等等。1998年7月，美国夏威夷大学等报道，由小鼠卵丘细胞克隆了27只成活小鼠，其中7只是由克隆小鼠再次克隆的后代，这是继"多莉"以后的第二批哺乳动物体细胞核移植后代。但是尽管克隆研究取得了很大的进展，目前克隆的成功率还是相当低的：70只小牛的出生则是在9000次尝试后才获得成功，并且其中的1/3在幼年时就死了；而多莉出生之前研究人员经历了276次失败的尝试。而对于某些物种，例如猩猩，目前还没有成功克隆的报道。所以克隆技术要实现延长人类寿命等对人类有益的目标，还需要进一步地研究。

中国的克隆技术

中国也一直致力于克隆技术的研究。2000年6月，西北农林科技大学利用成年山羊体细胞克隆出两只"克隆羊"，但其中一只因呼吸系统发育不良而早夭。据介绍，所采用的克隆技术为该研究组自己研究所得。可以看出中国也已经掌握了体细胞克隆的尖端技术。

▲克隆的羊

▼克隆的牛

光的波粒二象性的提出经历了漫长的历程

光的属性到底是怎样，这是一个困扰了人类 300 多年的问题。也是一个人类一直争论不休的问题。从起初的波动说、微粒说，到后来取得了绝大多数人认同的光的波粒二象性。在这个过程中，人们重新认识了光。

▲墨子

光的波粒二象性

波粒二象性是量子力学中的一个重要概念，指某物质同时具备波的特质及粒子的特质。波粒二象性是光和微观粒子的普遍属性，即光和微观粒子既表现有波动性又表现有粒子性。在经典力学中，研究对象总是被明确区分为两类：波和粒子。前者的典型例子是光，后者则组成了我们常说的"物质"。光的波动性在 17 世纪被发现，光的干涉和衍射现象以及光的电磁理论从实验和理论两方面肯定了光的波动性。到了 20 世纪初，人们又发现了黑体辐射、光电效应等现象，这些现象解释了光的另一个属性即微粒性。

光的波粒二象性的发现过程

光的波粒二象性这一整个发现过程经历了约 300 年的时间，从 17 世纪一直到 20 世纪初。这整个过程涉及了诸多著名的物理学家，包括我们所熟知的爱因斯坦、牛顿、惠更斯、托马斯·杨、胡克等。

人类历史上对光最早的记载可见我国先秦时代的《墨经》，《墨经》中有大量关于几何光学的记载，墨子和他的学生做了世界上最早的"小孔成像"实验，并对实验结果作出了光沿直线传播的科学解释。而对于光的本质属性的有关学说最早是在 17 世纪提出的。

（一）波动说

有关光的本质属性的第一个学说是波动说。光的波动说由意大利数学家格里马第最先由实验得出：格里马第在实验中让一束光穿过两个小孔

▼我国古代文献中的小孔成像

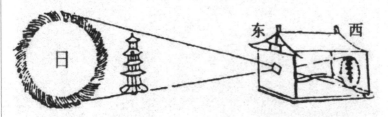

东 西

日

后照到暗室里的屏幕上，他发现在投影的边缘有一种明暗条纹的图像，马上联想起了水波的衍射，于是格里马第提出：光可能是一种类似水波的波动。格里马第认为，物体颜色的不同，是因为照射在物体上的光波频率的不同引起的。这就是最早的光波动说。格里马第的实验得到了英国物理

▲宇宙中光的干涉

学家胡克的支持。他在1665年出版的《显微术》一书中明确地支持波动说。波动说在此时占据了主导地位。

（二）微粒说

提出微粒说的是著名的科学家牛顿。微粒说认为光是由微粒形成的，并且走的是最快速的直线运动路径。为了发现光的微粒特性，牛顿进行了著名的色散实验：让一束太阳光通过三棱镜后，分解成几种颜色的光谱带，再用一块带狭缝的挡板把其他颜色的光挡住，只让一种颜色的光再通过第二个三棱镜，结果出来的只是同样颜色的光，由此发现了白光是由各种不同颜色的光组成的。其后为了验证这个发现，牛顿又设法将几种不同的单色光合成白光，并且计算出不同颜色光的折射率，精确地说明了色散现象，揭开了物质的颜色之谜，物质的色彩是不同颜色的光在物体上有不同的反射率和折射率造成的。1672年，牛顿在他的《关于光和色的新理论》一文中用微粒说解释了光的直进、反射和折射现象，并且提出，光可能是球形的物体，这是他微粒说提出的初始形态，并用微粒说阐述了光的颜色理论。牛顿的理论一经提出就得到了人们的赞同。随后，荷兰物理学家、天文学家、数学家克里斯蒂安·惠更斯发展了光的波动学说，牛顿的"微粒说"与惠更斯的"波动说"构成了关于光的两大基本理论，并由此产生了激烈的争议和探讨。1801年，英国物理学家托马斯·杨进行了著名的杨氏双缝干涉实验。实验所使用的白屏上明暗相间的黑白条纹证明了光的干涉现象，他用叠加原理进行了解释，从而证明了光是一种波。1811年，苏格兰物理学家布儒斯特提出了光的偏振现象的经验定律。光的偏

牛顿与苹果树的故事

1665年秋季，牛顿坐在自家院中的苹果树下苦思着行星绕日运动的原因。这时，一个苹果恰巧落下来，引起了牛顿的注意。牛顿从苹果落地这一理所当然的现象中，找到了苹果下落的原因——引力的作用，这种来自地球的无形的力拉着苹果下落，正像地球拉着月球，使月球围绕地球运动一样。

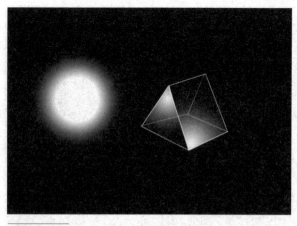

▲光的干涉

振现象和偏振定律的发现，使光学的研究更朝向有利于微粒说的方向发展。1814 年，菲涅耳开始光的波动说的研究，他从横波观点出发，圆满地解释了光的偏振，并定量地计算了圆孔、圆板等形状的障碍物产生的衍射花纹。其后"泊松亮斑"的发现又使波动学说开始兴起。

（三）波粒二象性说

波粒二象性说的起源是在 1864 年，英国数学物理学家麦克斯韦建立了电磁场方程组，发表了《电磁场的动力学理论》。在文中他预言了电磁波的存在，并将光和电磁现象统一起来，认为光就是一定频率范围内的电磁波。1888 年，德国年轻的物理学家赫兹通过实验证明了电磁波的存在。1909 年，爱因斯坦在出席德国自然科学家协会第 81 次会议时，作了题为《论我们关于辐射本质和结构的观点的发展》的报告，报告中提到："我认为，理论物理学发展的最近一个阶段，将给我们提供一种光的理论，这一理论可以被理解为波动理论和微粒说的一种统一。"在这里，爱因斯坦提出了光的本性——波粒二象性。光在与物质相互作用而转移能量时显示粒子性，在传播时显示波动性。由此，光的波粒二象性学说正式得到了确立。

▼光的实验图

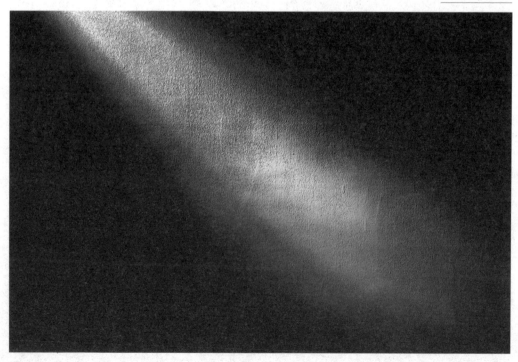

"阿波罗"号让人类走上另一个星球

    "阿波罗"载人登月工程是美国国家航空和航天局在二十世纪六七十年代组织实施的载人登月工程，或称"阿波罗计划"。迄今为止，"阿波罗"登月是历时最长、规模最大、投资最多、最富传奇性的人类对太空的探险行动。它为人类走上其他星球开创了划时代的先河！

"阿波罗"号登月工程

1. 登月方案

    包括论证飞船登月飞行轨道和确定载人飞船总体布局。从"阿波罗"号飞船的3种飞行方案中选定月球轨道交会方案，相应地确定由指挥舱、服务舱和登月舱组成飞船

▲宇航员进入太空

▼阿波罗号宇航员

▲人类登上月球 ▼人类在月球上行走

的总体布局方案。

2.辅助计划

为登月飞行准备的 4 项辅助计划如下。

(1)"徘徊者"号探测器计划(1961—1965 年)。共发射 9 个探测器,在不同的月球轨道上拍摄月球表面状况的照片 1.8 万张,以了解飞船在月面着陆的可能性。

(2)"勘测者"号探测器计划(1966—1968 年)。共发射 5 个自动探测器在月球表面软着陆,通过电视发回 8.6 万张月面照片,并探测了月球土壤的理化特性数据。

(3)"月球轨道环行器"计划(1966—1967 年)。共发射 3 个绕月飞行的探测器,对 40 多个预选着陆区拍摄高分辨率照片,获得 1000 多张小比例尺高清晰度的月面照片,据此选出约 10 个预计的登月点。

(4)"双子星座"号飞船计划(1965—1966 年)。先后发射 10 艘各载 2 名宇航员的飞船,进行医学—生物学研究和操纵飞船机动飞行、对接和进行舱外活动的训练。

"阿波罗"号飞船

在执行阿波罗登月计划的 10 年时间里,共进行了 17 次飞行试验,包括 6 次无人亚轨道和地球轨道飞行、1 次载人地球轨道飞行、3 次载人月球轨道飞行、7 次载人登月飞行(其中 6 次成功,1 次失败)。

从 1969 年 11 月至 1972 年 12 月,美国相继发射了"阿波罗"12、13、14、15、16、17 号飞船,其中除"阿波罗 13 号"因服务舱液氧箱爆炸中止登月任务(2 名宇航员驾驶飞船安全返回地面）外，共有 12 名宇航员均登月成功。

▲人类的太空行走

"阿波罗 11 号"登月的过程

1969 年 7 月 16 日，巨大的"土星 5 号"火箭载着"阿波罗 11 号"飞船从美国肯尼迪角发射场点火升空，开始了人类首次登月的太空征程。美国宇航员尼尔·阿姆斯特朗、埃德温·奥尔德林、迈克尔·科林斯驾驶着阿波罗 11 号宇宙飞船跨过 38 万公里的征程，承载着全人类的梦想踏上了月球表面。这确实是一个人的小小一步，但是整个人类的伟大一步。他们见证了从地球到月球梦想的实现，这一步跨过了 5000 年的时光。"阿波罗 11 号"在大约 160 千米的高度，以 29000 千米／小时的速度环绕地球飞行。大约在第二轨道的中途，射入超月球轨道的点火开始。这是"土星"火箭助推器最后一次关键性的点火，火箭发动机的这次点火将使飞船达到逃逸速度——40200 千米／小时——从而脱离地球轨道。

"阿波罗"号登月成功的意义

"阿波罗"登月的成功，无疑具有伟大的科学和技术意义，因为它是人类第一次离开地球而到达别的天体，是人类向太空渗透的新里程碑，是一次飞跃。在人类向太空继续渗透、探索宇宙的奥秘时，月球还将成为桥头堡。登月的成功，也为人类开拓新的疆域，开发利用月球创造了条件。科学家表示，他们对月球以及整个太阳系的了解很多都是由"阿波罗 11 号"的宇航员证实和揭示出来的，此外对带回来的月球岩石和尘埃的研究也起了很大的作用。时至今日，月球对于人类太空科技的发展已经越来越重要。阿波罗登月，除考察外，还将在月球上建立核动力科学站；驾驶月球车进行活动；采集的月岩月土标本达 400 千克，都带回地球做进一步科学分析。

▼人类登上月球

阿波罗登月计划完成之后，美国决定在以后的几十年内不再进行。这样，为登月飞行研制的精良技术设备，其中包括土星运载工具、飞船和许多实验设备就不再需要了，这一事件曾引起各种议论。至于美国为什么要做出这样的决定，则是一个谜。

"阿波罗登月"计划的十大发现

1. 月球不是一个原生物体而是由岩石构成的。而且这些岩石受过不同程度的熔化、火山喷发以及陨石的碰撞而变得凹凸不平。

2. 月球产生的时间很久远。

和所有的陆行星一样，太阳系形成后的前10亿年的历史在月球上留下了深刻的印记。

3. 最年轻的岩石比地球的"老"。

在月球表面，黑暗平滑的月海大多是一些陨石坑，当中的岩石相对年轻，年龄大约为32亿年。而一些高低不平的高地中的岩石则相对较老，年龄约为46亿年。

4. 月球和地球是近亲。

这两个星体是由一个共同的物质按照不同的比例分割而成。

5. 月球上无生命迹象。

月球上没有活着的生物体、化石或者原产的有机化合物。

6. 月球岩石经过高温形成。

这些岩石的形成过程中几乎与水完全没有关系，可以粗略地分为3类：玄武岩，钙长石和角砾岩。

7. 早期月球深处是"岩浆海洋"。

月球高地表面含有一些早期的低密度的岩石，这是由飘浮在"岩浆海洋"表面的一些岩浆残留而成。

8. 小行星在月球表面撞出大坑。

一些巨大、黑色的盆地其实就是受到撞击后产生的巨大的火山口。这些都是在月球早期形成的，上面覆盖的熔岩的历史为3.2亿～3.9亿年。

9. 月球稍微不对称。

月球的体积结构稍微有些不对称，这也许是由于它在演化过程中受到了地球万有引力的影响。

10. 表面被岩石碎片和灰尘覆盖。

这就是所谓的月球风化层，其中可以解读出独特的太阳辐射的历史。这也是我们理解地球气候变化的一个重要因素。

大气环流让人类认识天气

在古时候，天空中的一切对于人类来说都异常神秘。那是人类所接触不到的地域。随着科技的发展，人类的踪迹延伸到了天空中。对于大气环流的认识让人类更好地认识了天气。

上升空气遇冷成云形成降雨

空气受热上升

▲大气环流是雨形成的

大气环流概述

大气环流所表现的是大气大范围运动的状态。大气环流指大范围的大气层内具有一定稳定性的各种气流运动的综合现象。某一大范围地区的（如欧亚地区）某一大气层次（如对流层、平流层、中层、整个大气圈）在一个长时期（如月、季、年、多年）的大气运动的平均状态，或某一个时段（如一周、梅雨期间）的大气运动的变化过程都可以称为大气环流。大气环流有不同的分类，按时间尺度划分，有日、月、季、半年、一年至多年的平均大气环流。研究大气环流的特征及其形成、维持、变化和作用，掌握其演变规律，是人类认识自然的不可少的重要组成部分，而且这种研究还将有利于提高天气预报的准确率，有利于探索全球气候变化，以及更有效地利用气候资源。太阳辐射在地球表面的非均匀分布是大气环流的原动力。大气环流是地—气系统进行热量、水分、角动量等物理量交换以及能量交换的重要机制，同时也是这些物理量的输送、平衡和转换的重要结果。大气环流构成了全球大气运动的基本形式，是全球气候特征和大范围天气形势的主导因子，也是各种尺度天气系统活动的背景。全球尺度的东西风带、三圈环流、定常分布的平均槽脊、高空急流以及西风带中的大型扰动等是大气环流的主要表现。大气环流通常分为平均纬向环流、平均水平环流和平均经圈环流三个部分：①平均水平环流指在中高纬度的水平面上盛行的叠加在平均纬向环流上的波状气流（又称平均槽脊），通常北半球夏季为4个波，冬季为3个波，三波与四

◀龙卷风就像巨龙吸水

▲海水蒸发促进大气环流

波之间的转换表征季节变化；②平均经圈环流指在南北—垂直方向的剖面上，由大气径向运动和垂直运动所构成的运动状态。

对流层的环流圈种类

对流层的经圈环流存在3个圈：

（一）极地环流：极地是弱的正环流（极地下沉，低空向南，高纬上升，高空向北），极地环流如散热器般，平衡低纬度环流地区的热盈余，使整个地球热量收支平衡。极地环流的活动范围限于对流层内，最高也只到对流层顶（8千米）。极地环流的流出，形成简谐波形的罗斯贝波。这些超长波在影响中纬度环流与对流层顶间湍流的流向方面扮演着重要的角色。

（二）中纬度是反环流或间接环流（中低纬气流下沉，低空向北，中高纬上升，高空向南），由威廉·费雷尔提出，因此又称为费雷尔环流。因处于中纬度的涡旋循环而出现。故

气压和风带

在近地面，全球共形成7个气压带和6个风带。

7个气压带：赤道低气压带、南半球副热带高气压带、北半球副热带高气压带、南半球副极地低气压带、北半球副极地低气压带、南半球极地高气压带、北半球极地高气压带。

6个风带（分布于7个气压带之间）：南半球低纬信风带、北半球低纬信风带、南半球中纬西风带、北半球中纬西风带、南半球极地东风带、北半球极地东风带。

本区时而又称为"混合区"。在南面处于低纬度环流之上，在北面又漂浮在极地环流上。信风可以在低纬度环流以下找到，相同的西风带可以在中纬度环流下找到。中纬度环流的重点在西风带上，并不是真正闭合的循环。中纬度环流上空通常由西风主导，但是在地表风向可以

▲飓风卷起海浪

随时突然改变。以北半球的参考系（观点）而言，往北的高气压带来东风主导的气流，常常持续数天，往北的低气压或是往南的高气压往往维持甚至加速西风的流速；但是经过当地的冷锋可能使这种情况改变。

（三）低纬度是正环流或直接环流（气流在赤道上升，高空向北，中低纬下沉，低空向南），又称为哈得来环流。低纬度环流是一个封闭的环流，基本活动于热带地区，在太阳直射点引导下，以半年周期往返南北。低纬度环流的整个过程由温暖潮湿空气从赤道低压地区上升开始，升至对流层顶，向极地方向迈进。直到南北纬 30 度左右，这些空气在高压地区下沉。部分空气返回地面后于地面向赤道返回，形成信风，完成一个完整的低纬度环流。

▼龙卷风

大陆漂移学说解读了地球的秘密

在大陆漂移学说产生之前，人类一直不清楚地球现有的大洲大洋形状是怎样形成的。这一学说很好地解释了这一困扰人类许久的问题。

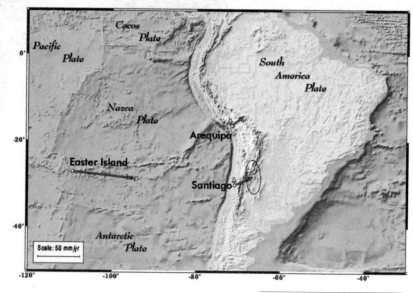

▲大陆漂移说中的板块运动

大陆漂移学说概述

大陆漂移学说是解释海陆分布、演变和地壳运动的学说。大陆漂移学说将大陆彼此之间以及大陆相对于大洋盆地间的大规模水平运动，称为大陆漂移。大陆漂移说的主要内容为远古时代的地球只有一块"泛古陆"或称盘古大陆的庞大陆地，被称为"泛大洋"的水域包围，大约于2亿年以前即中生代"泛大陆"开始破裂，到距今约二三百万年以前，漂移的大陆形成现在的七大洲和五大洋的基本地貌。大陆漂移的动力机制与地球自转的两种分力有关：向西漂移的潮汐力和指向赤道的离极力。较轻硅铝质的大陆块漂浮在较重的黏性的硅镁层之上，由于潮汐力和离极力的作用使泛大陆破裂并与硅镁层分离，而向西、向赤道作大规模水平漂移。

大陆漂移学说有着很多的证据来支撑。这些证据如下。

（一）大陆边缘吻合：将大西洋两岸的非洲和南美洲拼在一起时，两岸的大陆边缘能十分吻合。大西洋两岸的海岸线相互对应，特别是巴西东端的直角突出部分与非洲西岸呈直角凹进的几内亚湾非常吻合。

▼ 0.65 亿年前的大陆

（二）气候相关：印度南部远离喜马拉雅山，为低纬度地区，年温度高，但在印度南部发现有冰川作用的痕迹，证明印度曾经是中高纬度地区。地理学家在南极洲发现丰富的煤矿，严寒的天气根本不容许南极洲有茂密的森林，而煤是由远古植物遗骸变化而成，若南极洲一直都在南极圈内，这种现象就不可能存在。从而反证南极洲曾在低纬度地区。

（三）地质构造：大西洋两岸的美洲和非洲、欧洲在地层、岩石、构造上遥相呼应。例如北美纽芬兰一带的褶皱山系与西北欧斯堪的纳维亚半岛的褶皱山系相对应，都属早古生代造山带。有证据证明南非的开普山和南美的布宜诺斯艾利斯山是同出一辙。阿巴拉契亚山脉是东北－西南走向，临至大西洋西岸就中断，而地质研究证明斯堪的纳维亚山脉与苏格兰、爱尔兰的山脉是与阿巴拉契亚山脉同源。由此可见曾有段时间，美洲、非洲和欧洲相连。

（四）古生物化石：巴西和南非石炭—二叠系的地层中均含一种生活在淡水或微咸水中的爬行类——中龙化石。活在约2亿年前的中龙是一种住在陆上淡水沼泽的爬虫类，无法越过大洋。另外，2亿至3亿年前的舌羊齿植物，因种子很大无法借风力漂洋过海，但此种化石却出现在非洲、澳大利亚、印度、南

大陆漂移学说的发现

1910年德国的地球物理学家魏格纳躺在医院的病床上，观察世界地图时，发现一个奇特现象：大西洋的两岸——欧洲和非洲的西海岸遥对北南美洲的东海岸，轮廓非常相似，这边大陆的凸出部分正好能和另一边大陆的凹进部分凑合起来；如果从地图上把这两块大陆剪下来，再拼在一起，就能拼凑成一个大致上吻合的整体。把南美洲跟非洲的轮廓比较一下，更可以清楚地看出这一点：远远深入大西洋南部的巴西的凸出部分，正好可以嵌入非洲西海岸几内亚湾的凹进部分。

魏格纳结合他的考察经历，认为这绝非偶然的巧合，并形成了一个大胆的假设：推断在距今3亿年前，地球上所有的大陆和岛屿都连结在一块，构成一个庞大的原始大陆。从大约距今两亿年时，这个大陆先后在多处出现裂缝，分裂开的陆块各自漂移到现在的位置，形成了今天人们熟悉的陆地分布状态。

▼板块漂流示意图

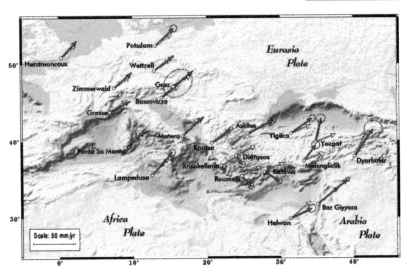

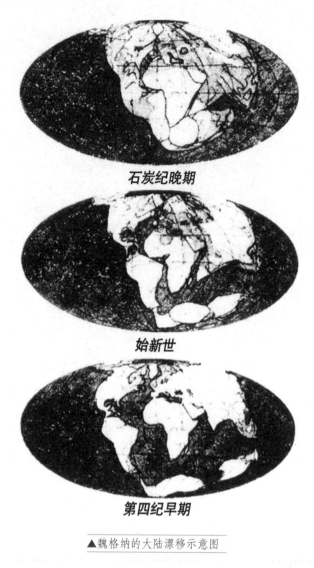

石炭纪晚期

始新世

第四纪早期

▲魏格纳的大陆漂移示意图

美洲及南极洲，由此可见，过去这些大陆是彼此连接在一起的。

（五）现代科学：古地磁的资料表明许多大陆块现在所处的位置并不代表它的初始位置，而是经过了或长或短的运移。精确的大地测量的数据证实，大陆仍在缓慢地持续水平运动。这些许许多多的证据都有力地证明了大陆漂移说，说明地球一直在不断地变化运动着。

大陆漂移学说的发展

阿尔弗雷德·魏格纳在1912年一篇重要的学术论文中最早创立大陆漂移学说这一假说。魏格纳在1912年的一次地质学会议上，引用了各种支持证据，对他的假说作了进一步的发展，概括并总结了他的成果。1915年他发表了专题论文《大陆和海洋的起源》。魏格纳在这篇论文中，详细罗列了他所发现的所有支持大陆漂移说的证据。在魏格纳发布假说之后，人们认识到了这个假说潜在的革命性。地理学家对大陆运动的观念进行了广泛的讨论，结果，反对意见几乎是同声一片。魏格纳观点的主要支持者之一是瑞士诺伊夏特地质学院的创始人和院长埃米尔·阿岗德。1922年，在第一次世界大战结束后的第一次国际地质学会议上，阿岗德勇敢地站出来支持魏格纳提出的"亚洲板块构造"的基本思想，他宣称，"固定说不是一种理论，而是对几种粗糙理论的消极拼凑"。魏格纳还有两个主要支持者是亚瑟·霍尔姆斯和南非地质学家亚历山大·杜·托依特。魏格纳一直在艰难地奋斗着，直到20世纪50年代中期，不断发现的新证据才越来越有利于大陆可能运动的假说的确立。到20世纪60年代，一场地球科学革命才真正发生。魏格纳的大陆漂移学说正式得到了科学界的认同，人们重新认识了地球的变迁。

数制有助于人类的计算

人类从产生最初的计算发展到今天，数制是其中具有关键作用的一环。数制的发明使得人类的计算系统化，发展了人类的计算。

数制的概述

数制也称计数制，是一种人们利用符号计数的科学方法，数制用一组固定的符号和统一的规则来表示数值。数制很早以前就被发明出来。从史前时代就开始使用在木头、骨头或石头上的计数符号。石器时代的文化，包括古代印第安人，使用计数符号进行赌博、私人服务和交易。在公元前8000年至前3500年间，苏美尔人发明了使用黏土保留数字信息的方法。他们将各种形状的小的黏土记号像珠子一样串在一起用来计数。到公元前3500年，黏土记号逐渐被用圆的笔针刻在黏土块上，然后烧制而成的数字符号所取代。公元前2700年至前2000年间产生了楔形数字，圆的笔针逐渐被一种可以在黏土上刻出楔形符号的尖的笔针取代。随后记数系统逐渐演变成了一种常见的六十进制系统。这个系统是一种位置数值记数法，只使用竖向的楔形和人形两种符号，而且能够表示分数。这个系统在古巴比伦的初期(大约公元前1950年)得到了充分的发展，并成为巴比伦尼亚的标准。这些就是数制在古时候的发展过程。

▲古人的计数工具

▼发明黏土计数的苏美尔人

常见的数制

尽管数制本身有很多种，但是在计算中经常被应用的数制主要有三种：十进制、二进制和十六进制。

（一）十进制

十进制是在人们的学习生活中应用最为广泛的数制。十进制是以 10 为基础的数字系统。用不多于 10 个号码，代表一切数值，不论多大，以进 1 位表示 10 倍，进二位代表 100 倍，依此类推的数字系统，称为十进位制。十进位值制，最早由中国人发明。从现已发现的商代陶文和甲骨文中，可以看到当时已能够用一、二、三、四、五、六、七、八、九、十、百、千、万，十三个数字记十万以内的任何自然数。由此可见，至迟在商代时，中国已采用了十进位值制。十进位值制的记数法对世界科学和文化的发展有着不可估量的作用，是古代世界中最先进、科学的记数法。李约瑟曾说："如果没有这种十进位制，就不可能出现我们现在这个统一化的世界了。"

（二）二进制

计算机技术是 20 世纪最伟大的发明，在计算机技术

▲古印第安人应用符号进行赌博和交易

中广为应用的是二进制。二进制由德国科学家莱布尼茨所发明。二进制数据的基本算符是 0 和 1。它的基数为 2，进位规则是"逢二进一"，借位规则是"借一当二"。二进制数据也是采用位置计数法，其位权是以 2 为底的幂。现代的电子计算机技术全部采用的是二进制。计算机技术采用二进制的原因主要如下。①适合逻辑运算：逻辑代数是逻

二进制与宗教

莱布尼茨在发明了二进制后，赋予了它宗教的内涵。他在写给当时在中国传教的法国耶稣士会牧师布维的信中说："第一天的伊始是 1，也就是上帝。第二天的伊始是 2，……到了第七天，一切都有了。所以，这最后的一天也是最完美的。因为，此时世间的一切都已经被创造出来了。因此它被写作'7'，也就是'111'（二进制中的 111 等于十进制的 7），而且不包含 0。只有当我们仅仅用 0 和 1 来表达这个数字时，才能理解，为什么第七天才最完美，为什么 7 是神圣的数字。特别值得注意的是它（第七天）的特征（写作二进制的111）与三位一体的关联。"

辑运算的理论依据，二进制只有两个数码，正好与逻辑代数中的"真"和"假"相吻合。②技术实现简单：计算机是由逻辑电路组成，逻辑电路通常只有两个状态，开关的接通与断开，这两种状态正好可以用"1"和"0"表示。③抗干扰能力强，可靠性高：因为每位数据只有高低两个状态，当受到一定程度的干扰时，仍能可靠地分辨出它是高还是低。④简化运算规则：两个二进制数和、积运算组合各有三种，运算规则简单，有利于简化计算机内部结构，提高运算速度。⑤易于转换：二进制与十进制数易于互相转换。二进制所具有的特性使得它能够很好地满足计算机运算的需要，二进制促进了计算机技术的发展。

（三）十六进制

十六进制是另外一种主要应用于计算机技术的数制。它在日常生活中的应用并不很广泛。十六进制是一种逢16进1的进位制，由0~9，A~F，组成。与10进制的对应关系：0~9对应0~9；A~F对应10~15；N进制的数可以用0~(N-1)的数表示，超过9的用字母A~F。历史上，中国曾经在重量单位上使用过16进制，规定16两为一斤。十六进制的发明也同样为计算机技术的发展奠定了基础。

我国互联网的发展

二进制的应用，使计算机得到了长足的发展，由此为单位组建的互联网也得到了蓬勃发展。纵观我国互联网发展的历程，可以将其划分为以下4个阶段。

1. 从1987年9月20日钱天白教授发出第一封E-mail开始，到1994年4月20日NCFG正式连入Internet这段时间里，中国的互联网在艰苦地孕育着。它的每一步前进都留下了深深的脚印。

2. 从1994—1997年11月中国互联网信息中心发布第一次《中国Internet发展状况统计报告》，互联网已经开始从少数科学家手中的科研工具，走向广大群众。人们通过各种媒体开始了解到互联网的神奇之处：通过便捷的方式方便地获取自己所需要的信息。

3. 1998—1999年中国网民开始成几何级数增长，上网从前卫变成了一种真正的需求。一场互联网的革命就这么在两年的时间里传遍了整个中华大地。

4. 进入21世纪后，中国IT业更迅猛地发展起来。目前，中国的网民已经达到数亿人，而且网络已经成为我们生活工作中，尤其是城市生活工作中一个必不可少的工具，城镇居民对网络的依赖越来越大。

◀ 早期计算机

约公元前 6 世纪，泰勒斯 (Thales，公元前 624—前 546) 记述了摩擦后的琥珀吸引轻小物体和磁石吸铁的现象。

公元前 6 世纪，《管子》中总结和声规律。阐述标准调音频率，具体记载三分损益法。

约公元前 5 世纪，《考工记》中记述了滚动摩擦、斜面运动、惯性浮力等现象。

公元前 5 世纪，德谟克利特 (Democritus) 提出万物由原子组成。

公元前 400 年，墨翟在《墨经》中记载并论述了杠杆、滑轮、平衡、斜面、小孔成像及光色与温度的关系。

公元前 4 世纪，亚里士多德 (Aristotle，前 384—前 322) 在其所著《物理学》中总结了若干观察到的事实和实际的经验。他的自然哲学支配西方近 2000 年。

公元前 3 世纪，欧几里得 (Euclid) 论述光的直线传播和反射定律。

公元前 3 世纪，阿基米德 (Archimedes，前 287—前 212) 发明许多机械，包括阿基米德螺旋；发现杠杆原理和浮力定律；研究过重心。

公元前 3 世纪，《韩非子》记载有司南；《吕氏春秋》记有慈 (磁) 石召铁。

公元前 2 世纪，刘安 (前 179—前 122) 著《淮南子》，记载用冰做透镜，用反射镜做潜望镜，还提到人造磁铁和磁极斥力等。

1 世纪，《汉书》记载尖端放电、避雷知识和有关的装置。王充 (27—97) 著《论衡》，记载有关力学、热学、声学、磁学等方面的物理知识。希龙 (Heron，62—150) 创制蒸汽旋转器，是利用蒸汽动力的最早尝试，他还制造过虹吸管。

2 世纪，托勒密 (C.Ptolemaeus，100—170) 发现大气折射。张衡 (78—139) 创制地动仪，可以测报地震方位，创制浑天仪。王符 (85—162) 著《潜夫论》分析人眼的作用。

5 世纪，祖冲之 (429—500)，改造指南车，精确推算 π 值，在天文学上精确编制《大明历》。

8 世纪，王冰 (唐代人) 记载并探讨了大气压力现象。

11 世纪，沈括 (1031—1095) 著《梦溪笔谈》，记载地磁偏角的发现、凹面镜成像原理和共振现象等。

13 世纪，赵友钦 (1279—1368) 著《革象新书》，记载有他做过的光学实验以及光的照度、光的直线传播、视角与小孔成像等问题。

15 世纪，达·芬奇 (L.da Vinci，1452—1519) 设计了大量机械，发明温度计和风力计，最早研究永动机不可能问题。

16 世纪，诺曼 (R.Norman) 在《新奇的吸引力》一书中描述了磁倾角的发现。

1583 年，伽利略 (Galileo Galilei，1564—1642) 发现摆的等时性。

1564 年，斯梯芬 (S.Stevin，1542—1620) 著《静力学原理》，通过分析斜面上球链的平衡论证了力的分解。

1593 年，伽利略发明空气温度计。

1600 年，吉尔伯特 (W.Gilbert，1548—1603) 著《磁石》一书，系统地论述了地球是个大磁石，描述了许多磁学实验，初次提出摩擦吸引轻小物体不是由于磁力。

1605 年，弗·培根 (F.Bacon，1561—1626) 著《学术的进展》，提倡实验哲学，强调以实验为基础的归纳法，对 17 世纪科学实验的兴起起了很大的号召作用。

1609 年，伽利略，初次测光速，未获成功。

1609 年，开普勒 (J.Kepler，1571—1630) 著《新天文学》，提出开普勒第一、第二定律。

1619 年，开普勒著《宇宙谐和论》，提出开普勒第三定律。

1620 年，斯涅耳 (W.Snell，1580—1626) 从实验归纳出光的反射和折射定律。

1632 年，伽利略《关于托勒密和哥白尼两大世界体系的对话》出版，支持了地动学说，首先阐明了运动的相对性原理。

1636 年，麦森 (M.Mersenne，1588—1648) 测量声的振动频率，发现谐音，求出空气中的声速。

1638 年，伽利略的《两门新科学的对话》出版，讨论了材料抗断裂、媒质对运动的阻力、惯性原理、自由落体运动、斜面上物体的运动、抛射体的运动等问题，给出了匀速运动和匀加速运动的定义。

1643 年，托里拆利 (E.Torricelli，1608—1647) 和维安尼 (V.Viviani，1622—1703) 提出气压概念，发明了水银气压计。

1653 年，帕斯卡 (B.Pascal，1623—1662) 发现静止流体中压力传递的原理 (即帕斯卡原理)。

1654 年，盖里克 (O.V.Guericke，1602—1686) 发明抽气泵，获得真空。

1658 年，费马 (P.Fermat，1601—1665) 提出光线在媒质中循最短光程传播的规律 (即费马原理)。

1660 年，格里马尔迪 (F.M.Grimaldi，1618—1663) 发现光的衍射。

1662 年，波意耳 (R.Boyle，1627—1691) 实验发现波意耳定律。14 年后马略特 (E.Mariotte，1620—1684) 也独立地发现此定律。

1663 年，格里开做马德堡半球实验。

1666 年，牛顿 (I.Newton，1642—1727) 用三棱镜做色散实验。

1669 年，巴塞林那斯 (E.Bartholinus) 发现光经过方解石有双折射的现象。

1675 年，牛顿做牛顿环实验，这是一种光的干涉现象，但牛顿仍用光的微粒说解释。

1676 年，罗迈 (O.Roemer，1644—1710) 发表他根据木星卫星被木星掩食的观测，推算出光在真空中的传播速度。

1678 年，胡克 (R.Hooke，1635—1703) 阐述了在弹性极限内表示力和形变之间的线性关系的定律 (即胡克定律)。

1687 年，牛顿在《自然哲学的数学原理》中，阐述了牛顿运动定律和万有引力定律。

1690 年，惠更斯 (C.Huygens，1629—1695) 出版《光论》，提出光的波动说，导出了光的直线传播和光的反射、折射定律，并解释了双折射现象。

1714 年，华伦海特 (D.G.Fahrenheit，1686—1736) 发明水银温度计，定出第一个经验温标—华氏温标。

1717 年，J.伯努利 (J.Bernoulli，1667—1748) 提出虚位移原理。

1742 年，摄尔修斯 (A.Celsius，1701—1744) 提出摄氏温标。

1743 年，达朗伯 (J.R.d'Alembert，1717—1783) 在《动力学原理》中阐述了达朗伯原理。

1744 年，莫泊丢 (P.L.M.Maupertuis，1698—1759) 提出最小作用量原理。

1745 年，克莱斯特 (E.G.V.Kleist，1700—1748) 发明储存电的方法；次年马森布洛克 (P.V.Musschenbroek，1692—1761) 在莱顿又独立发明，后人称之莱顿瓶。

1747 年，富兰克林 (Benjamin Franklin，1706—1790) 发表电的单流质理论，提出"正电"和"负电"的概念。

1752 年，富兰克林做风筝实验，引天电到地面。

1755年，欧拉(L.Euler, 1707—1783)建立无粘流体力学的基本方程(即欧拉方程)。

1760年，布莱克(J.Brack, 1728—1799)发明冰量热器，并将温度和热量区分为两个不同的概念。

1761年，布莱克提出潜热概念，奠定了量热学基础。

1767年，普列斯特利(J.Priestley, 1733—1804)根据富兰克林所做的"导体内不存在静电荷的实验"，推得静电力的平方反比定律。

1775年，伏打(A.Volta, 1745—1827)发明起电盘。

1775年，法国科学院宣布不再审理永动机的设计方案。

1780年，伽伐尼(A.Galvani, 1737—1798)发现蛙腿筋肉收缩现象，认为是动物电所致，1791年才发表。

1781年，瓦特制造了从两边推动活塞的双动蒸汽机。

1785年，库仑(C.A.Coulomb, 1736—1806)用他自己发明的扭秤，从实验得到静电力的平方反比定律。在这以前，米切尔(J.Michell, 1724—1793)已有过类似设计，并于1750年提出磁力的平方反比定律。

1787年，查理(J.A.C.Charles, 1746—1823)发现气体膨胀的查理-盖·吕萨克定律。盖·吕萨克(Gay-lussac, 1778—1850)的研究发表于1802年。

1788年，拉格朗日(J.L.Lagrange, 1736—1813)的《分析力学》出版。

1792年，伏打研究伽伐尼现象，认为是两种金属接触所致。

1798年，卡文迪什(H.Cavendish, 1731—1810)用扭秤实验测定万有引力常数G。伦福德(Count Rumford, 即B.Thompson, 1753—1841)发表他的摩擦生热的实验，这些实验事实是反对热质说的重要依据。

1799年，戴维(H.Davy, 1778—1829)做真空中的摩擦实验，以证明热是物体微粒的振动所致。

1800年，伏打发明伏打电堆。赫谢尔(W.Herschel, 1788—1822)从太阳光谱的辐射热效应发现红外线。

1801年，里特尔(J.W.Ritter, 1776—1810)从太阳光谱的化学作用，发现紫外线。杨(T.Young, 1773—1829)用干涉法测光波波长，提出光波干涉原理。

1802年，沃拉斯顿(W.H.Wollaston, 1766—1828)发现太阳光谱中有暗线。

1808年，马吕斯(E.J.Malus, 1775—1812)发现光的偏振现象。

1811年，布儒斯特(D.Brewster, 1781—1868)发现偏振光的布儒斯特定律。

1815年，夫琅和费(J.V.Fraunhofer, 1787—1826)开始用分光镜研究太阳光谱中的暗线。

1815年，菲涅耳(A.J.Fresnel, 1788—1827)以杨氏干涉实验原理补充惠更斯原理，形成惠更斯—菲涅耳原理，圆满地解释了光的直线传播和光的衍射问题。

1819年，杜隆(P.I.Dulong, 1785—1838)与珀替(A.T.Petit, 1791—1820)发现克原子固体比热是一常数，约为6卡／度·克原子，称杜隆·珀替定律。

1820年，奥斯特(H.C.Oersted, 1771—1851)发现导线通电产生磁效应。毕奥(J.B.Biot, 1774—1862)和沙伐(F.Savart, 1791—1841)由实验归纳出电流元的磁场定律。安培(A.M.Ampère, 1775—1836)由实验发现电流之间的相互作用力，1822年进一步研究电流之间的相互作用，提出安培作用力定律。

1821年，塞贝克(T.J.Seebeck, 1770—1831)发现温差电效应(塞贝克效应)。菲涅耳发表光的横波理论。夫琅和费发明光栅。傅里叶(J.B.J.Fourier, 1768—1830)的《热的分析理论》出版，详细研究了热在媒质中的传播问题。

1824年，S.卡诺(S.Carnot, 1796—1832)提出卡诺循环。

1826年，欧姆(G.S.Ohm, 1789—1854)确立欧姆定律。

1827年，布朗(R.Brown, 1773—1858)发现悬浮在液体中的细微颗粒不断地作杂乱无章运动。这是分子运动论的有力证据。

1830年，诺比利(L.Nobili, 1784—1835)发明温差电堆。

1831年，法拉第(M.Faraday, 1791—1867)发现电磁感应现象。

1833年，法拉第提出电解定律。

1834年，楞次(H.F.E.Lenz, 1804—1865)建立楞次定律。珀耳帖(J.C.A.Peltier, 1785—1845)发现电流可以致冷的珀耳帖效应。克拉珀龙(B.P.E.Clapeyron, 1799—1864)导出相应的克拉珀龙方程。哈密顿(W.R.Hamilton, 1805—1865)提出正则方程和用变分法表示的哈密顿原理。

1835年，亨利(J.Henry, 1797—1878)发现自感，1842年发现电振荡放电。

1840年，焦耳(J.P.Joule, 1818—1889)从电流的热效应发现所产生的热量与电流的平方、电阻及时间成正比，称焦耳—楞次定律(楞次也独立地发现了这一定律)。其后，焦耳先后于1843、1845、1847、1849，直至1878年，测量热功当量，历经40年，共进行四百多次实验。

1841年，高斯(C.F.Gauss, 1777—1855)阐明几何光学理论。

1842年，多普勒(J.C.Doppler, 1803—1853)发现多普勒效应。迈尔(R.Mayer, 1814—1878)提出能量守恒与转化的基本思想。勒诺尔(H.V.Regnault, 1810—1878)从实验测定实际气体的性质，发现与波意耳定律及盖·吕萨克定律有偏离。

1843年，法拉第从实验证明电荷守恒定律。

1845年，法拉第发现强磁场使光的偏振面旋转，称法拉第效应。

1846年，瓦特斯顿(J.J.Waterston, 1811—1883)根据分子运动论假说，导出了理想气体状态方程，并提出能量均分定理。

1849年，斐索(A.H.Fizeau, 1819—1896)首次在地面上测光速。

1851年，傅科(J.L.Foucault, 1819—1868)做傅科摆实验，证明地球自转。

1852年，焦耳与W.汤姆生(W.Thomson, 1824—1907)发现气体焦耳—汤姆生效应(气体通过狭窄通道后突然膨胀引起温度变化)。

1853年，维德曼(G.H.Wiedemann, 1826—1899)和夫兰兹(R.Franz)发现，在一定温度下，许多金属的热导率和电导率的比值都是一个常数(即维德曼—夫兰兹定律)。

1855年，傅科发现涡电流(即傅科电流)。

1857年，韦伯(W.E.Weber, 1804—1891)与柯尔劳胥(R.H.A.Kohlrausch, 1809—1858)测定电荷的静电单位和电磁单位之比，发现该值接近于真空中的光速。

1858年，克劳修斯(R.J.E.Claüsius, 1822—1888)引进气体分子的自由程概念。

1859年，麦克斯韦(J.C.Maxwell, 1831—1879)提出气体分子的速度分布律。基尔霍夫(G.R.Kirchhoff, 1824—1887)开创光谱分析，其后通过光谱分析发现铯、铷等新元素。他还发现发射光谱和吸收光谱之间的联系，建立了辐射定律。

1860 年，麦克斯韦发表气体中输运过程的初级理论。

1861 年，麦克斯韦引进位移电流概念。

1864 年，麦克斯韦提出电磁场的基本方程组（后称麦克斯韦方程组），并推断电磁波的存在，预测光是一种电磁波，为光的电磁理论奠定了基础。

1866 年，昆特（A.Kundt, 1839—1894）做昆特管实验，用以测量气体或固体中的声速。

1868 年，玻尔兹曼（L.Boltzmann, 1844—1906）推广麦克斯韦的分子速度分布律，建立了平衡态气体分子的能量分布律——玻尔兹曼分布律。

1869，安德纽斯（T.Andrews, 1813—1885）由实验发现气—液相变的临界现象。希托夫（J.W.Hittorf, 1824—1914）用磁场使阴极射线偏转。

1871 年，瓦尔莱（C.F.Varley, 1828—1883）发现阴极射线带负电。

1872 年，玻尔兹曼提出输运方程（后称为玻尔兹曼输运方程）、H 定理和熵的统计诠释。

1873 年，范德瓦耳斯（J.D.Van der Waals, 1837—1923）提出实际气体状态方程。

1875 年，克尔（J.Kerr, 1824—1907）发现在强电场的作用下，某些各向同性的透明介质会变为各向异性，从而使光产生双折射现象，称克尔电光效应。

1876 年，哥尔茨坦（E.Goldstein, 1850—1930）开始大量研究阴极射线的实验，导致极坠射线的发现。

1876—1878 年，吉布斯（J.W.Gibbs, 1839—1903）提出化学势的概念、相平衡定律，建立了粒子数可变系统的热力学基本方程。

1877 年，瑞利（J.W.S.Rayleigh, 1842—1919）的《声学原理》出版，为近代声学奠定了基础。

1879 年，克鲁克斯（W.Crookes, 1832—1919）开始一系列实验，研究阴极射线。斯忒藩（J.Stefan, 1835—1893）建立了黑体的面辐射强度与绝对温度关系的经验公式，制成辐射高温计，测得太阳表面温度约为 6000 摄氏度；1884 年玻尔兹曼从理论上证明了此公式，后称为斯忒藩—玻尔兹曼定律。霍尔（E.H.Hall, 1855—1938）发现电流通过金属，在磁场作用下产生横向电动势的霍尔效应。

1880 年，居里兄弟（P.Curie, 1859—1906；J.Curie, 1855—1941）发现晶体的压电效应。

1881 年，迈克耳孙（A.A.Michelson, 1852—1931）首次做以太漂移实验，得零结果。由此产生迈克耳孙干涉仪，灵敏度极高。

1885 年，迈克耳孙与莫雷（E.W.Morley, 1838—1923）合作改进双索流水中光速的测量。巴耳末（J.J.Balmer, 1825—1898）发表已发现的氢原子可见光波段中 4 根谱线的波长公式。

1886 年，真正意义上的现代汽车首次试开。

1887 年，迈克耳孙与莫雷再次做以太漂移实验，又得零结果。赫兹（H.Hertz, 1857—1894）作电磁波实验，证实麦克斯韦的电磁场理论。同时，赫兹发现光电效应。

1890 年，厄沃（B.R.Eotvos）作实验证明惯性质量与引力质量相等。里德伯（R.J.R.Rydberg, 1854—1919）发表碱金属和氢原子光谱线通用的波长公式。

1893 年，维恩（W.Wien, 1864—1928）导出黑体辐射强度分布与温度关系的位移定律。勒纳德（P.Lenard, 1862—1947）

研究阴极射线时，在射线管上装一薄铝窗，使阴极射线从管内穿出进入空气，射程约 1 厘米，人称勒纳德射线。

1895 年，洛仑兹（H.A.Lorentz, 1853—1928）发表电磁场对运动电荷作用力的公式，后称该力为洛伦兹力。P.居里发现居里点和居里定律。伦琴（W.K.Rontgen, 1845—1923）发现 X 射线。

1896 年，维恩发表适用于短波范围的黑体辐射的能量分布公式。贝克勒尔（A.H.Becquerel, 1852—1908）发现放射性。塞曼（P.Zeeman, 1865—1943）发现磁场使光谱线分裂，称塞曼效应。洛仑兹创立经典电子论。

1897 年，J.J.汤姆生（J.J.Thomson, 1856—1940）从阴极射线证实电子的存在，测出的荷质比与塞曼效应所得数量级相同。其后他又进一步从实验确证电子存在的普遍性，并直接测量电子电荷。

1898 年，卢瑟福（E.Rutherford, 1871—1937）揭示铀辐射组成复杂，他把"软"的成分称为 α 射线，"硬"的成分称为 β 射线。居里夫妇（P.Curie and M.S.Curie, 1867—1934）发现放射性元素镭和钋。

1899 年，列别捷夫（А.А.Лебедев, 1866—1911）实验证实光压的存在。卢梅尔（O.Lummer, 1860—1925）与鲁本斯（H.Rubens, 1865—1922）等人做空腔辐射实验，精确测得辐射以量分布曲线。

1901 年，斯提出遇度的概念；法国格林发明格林试剂。

1902 年，经过四年的艰苦努力，居里夫妇提出了放射性元素镭。

1903 年，英国卢瑟福和索迪提出放射性嬗变理论；莱特兄弟飞机试飞成功。

1906 年，俄国茨维特发明色层分析法；德国费歇尔提出蛋白质的多肽结构理论，并合成出分子量为 1000 的多肽。

1909 年，丹麦化学家瑟伦森提出 pH 值概念；美国贝克兰制成酚醛树脂。

1911 年，英国卢瑟福根据 α 粒子穿透金箔的散射实验，提出带核原子模型。

1912 年，丹麦玻尔提出量子化的原子模型；德国能斯特提出热力学第三定律；德国劳厄发现晶体对 X 射线的衍射，证明了 X 射线是电磁波；德国化学家霍夫曼人工合成橡胶成功；瑞典赫维西和德国帕内特创立放射性示踪原子法；德国克拉克和罗莱特制成聚乙酸乙烯酯。

1913 年，工业合成氨成功（德国哈伯 Haber, 1868—1934）；英国索迪提出同位素概念；美国法扬斯发现镤—234；美国莫斯莱证实核内正电荷数与原子序数相等；德国博登斯坦提出"链反应"概念；英国汤姆逊和阿斯顿发现氖有稳定同位素氖—20 和氖—22。

1916，美国路易斯·柯塞尔和兰米尔提出原子价理论；德国开始用空气中的氮气大批生产氨和尿素；美国路易斯提出"共价键"理论；美国朗缪耳导出吸附等温方程。

1919 年，英国阿斯顿发明质谱仪并利用质谱仪研究同位素；英国卢瑟福用 α 射线轰击氮，首次实现了人工核反应。

1920 年，德国施陶丁格提出高分子链型学说。

1921 年，德国哈恩发现同质异能素。

1922 年，丹麦布朗斯台提出共轭酸碱理论；捷克海洛夫斯基发明极谱法。

1923 年，法国德布罗意提出实物微粒的波粒二象性的概念；美国路易斯提出路易斯酸碱理论；英国德拜和德国许克尔提出强电解质稀溶液静电理论。

1924年，德国赫尔曼和黑内尔制成聚乙烯醇。

1925年，美国泰勒提出催化的活性中心理论。

1926年，卜耶隆提出离子缔合概念。

1927年，俄国谢苗诺夫、英国邢歇伍德提出支链反应理论，用以说明燃烧爆炸过程；德国哥尔特施米特提出结晶化学规律。

1928年，英国海特列、伦顿和奥地利薛定谔提出分子轨道理论；德国狄尔斯和阿尔德发现双烯合成。

1929年，俄国巴兰金提出多位催化理论；英国弗莱明发现了青霉素；德国贝特和范弗雷克提出晶体场理论；美国乔克和江斯登发现天然氧是三种同位素的混合物，从此物理学上改用氧－16＝16作为原子量标准，而化学上仍沿用原来的标准，直到1961年国际上才改用C-12＝12为统一标准；德国布特南特等人分离并阐明性激素的结构。

1931年，鲁卡斯等发明电子显微镜；美国鲍林和斯莱特提出杂化轨道理论。

1932年，美国尤里发现重氢和重水；查德威克在人工核反应中发现中子。

1933年，美国鲍林提出分子结构共振理论；春克尔制成丁苯橡胶。

1934年，约里奥·居里夫妇用钋的α粒子轰击硼、铝和镁等，发现人工放射性；英国福西特等制成高压聚乙烯；英国卢瑟福发现氚，库恩提出高分子链的统计理论。

1935年，合成纤维问世（尼龙－66）（美国人卡罗泽斯）；美国艾林、英国波拉尼和埃文斯提出反应速率的过渡态理论；英国亚当斯和霍姆斯合成离子交换树脂。

1937年，美国化学家劳伦斯用回旋加速器第一次人工制造出一种新元素——锝；德国拜尔制成聚氨酯；英国帝国化学工业公司开始生产软质聚氯乙烯。

1938年，德国哈恩和史特拉斯曼发现铀的裂变。

1939年，美国杜邦公司开始生产尼龙纤维，从此化学纤维开始取代天然纤维。

1940年，德国化学家菲舍尔揭示了叶绿素化学结构的奥秘；美国西博格、艾贝尔森和麦克米伦等用人工核反应制备超铀元素93号镎和94号钚，揭开了人工合成新元素的序幕；美国塞格雷发现元素砹。

1941年，英籍奥地利人弗洛累分离出纯青霉素，被用于医药。

1942年，中国侯氏制碱法研究成功，对氨碱法做了重大改革；美国费米等人利用铀核裂变释放出中子及能量的性质，发明热中子链式反应堆，是大规模应用原子能的开始；美国佛洛里和哈金斯提出高分子溶液理论。

1943年，挪威哈塞尔发展了构象的概念；美国瓦克斯曼从链霉素菌析离出链霉素。

1944年，人工合成超铀元素镅、锔（美国西博格等）；美国伍德沃德合成奎宁碱；美国西博格建立锕系理论。

1945年，美国洛斯阿拉莫斯实验室用铀－235和钚－239制成第一颗原子弹；美国马宁斯基和格林丁宁分离出金属钷。

1949年，美国汤普森、吉奥索和西博格人工制得金属锫。

1950年，鲍林提出蛋白质的α－螺旋体结构；英国巴斯顿提出构象分析理论；美国汤普森、斯特里特、吉奥索和西博格人工制得金属锎；俄国瓦克斯曼、杜扎尔和芬雷菲分别分离出链霉素、金霉素、土霉素；俄国卡尔金提出非晶态

高聚物的三种物理状态（玻璃态、高弹态和粘流态）。

1952年，美国特勒等发明了氢弹，实现了氢元素的热核爆炸；美国吉奥索等从氢弹试验后的沉降物中发现了锿和镄素；美国欧格尔提出络合物的配位场理论；日本福井谦一提出前线轨道理论；英国詹姆斯和马丁发明了气液色谱。

1953年，乙烯的催化常压聚合成功（德国齐格勒）；英国克里克和美国华特生根据X射线数据，提出了脱氧核糖核酸的双螺旋结构模型。

1954年，聚丙烯合成成功（意大利塔纳）。

1955年，测定了胰岛素的一般结构（氨基酸的排列顺序）（英国、桑格）；美国汤普森、吉奥索和西博格人工制得金属钔；美国奇异公司首次人工制得钻石；澳大利亚沃尔什正式提出利用原子吸收光谱的分光光度分析法。

1956年，瑞典西曦格班等人制成第一台X射线激发的电子能谱仪，从而创立了光电子能谱法；英国帝国化学工业公司开始生产活性染料。

1957年，英国肯德鲁测定了鲸肌红蛋白的晶体结构；英国凯勒制得聚乙烯单晶并提出高分子链的折叠理论。

1958年，德国穆斯鲍尔发现了γ射线荧光共振谱；俄国弗廖洛夫和美国吉奥索等人分别制得锘；美国古德里奇公司制得顺式聚异戊二烯。

1960年，合成叶绿素（伍德沃德）；美国耶诺提出放射免疫分析法。

1961年，美国生物化学家尼伦贝格首次破译出生物遗传密码，发现了核酸中的碱基与蛋白质中的氨基酸之间的本质联系；美国吉奥索等制得铹；国际纯粹与应用化学联合会通过对原子质量基准碳12。

1962年，合成氙的氟化物（英国巴利特）；美国梅里菲尔德发明多肽固相合成法。

1963年，美国皮尔孙提出软硬酸碱理论。

1964年，俄国弗廖洛夫制得107号元素。

1965年，中国科学院生物研究所、有机化学研究所、北京大学化学系等单位协作，人工合成了牛胰岛素，这是世界上第一次人工合成蛋白质（中国、邢其毅等）；美国武德瓦特和德国霍夫曼提出分子轨道对称守恒原理。

1968年，美国吉奥索等人工制104号元素；俄国弗廖洛夫等制成105号元素。

1969年，比利时普里戈金提出耗散结构理论；"阿波罗11号"飞船首次登月。

1972年，合成维生素B12（美国，伍德沃德Woodward等，1917——）；美国家考那拉等人使用模板技术合成了具有77个核苷酸片的DNA。

1974年，俄国弗廖洛夫等和美国吉奥索等分别制得106号元素。

1976年，硼烷结构的研究取得成功（李普斯科姆）；俄国弗廖洛夫等宣布发现第107号超铀元素。

1981年，建立和发展关于化学反应性能的前线轨道理论和分子轨道对称守恒原理（日本，福井谦一；美国，霍夫曼Hoffmann，1866——1956）；中国科学家合成了世界上第一个具有完整生物活性的核糖核酸——酵母丙氨酸转移核糖核酸。

1982年，德国化学家苓贝格人工制得第109号元素。

1984年，德国化学家明苓贝格人工制得第108号元素。

1990年，哈勃空间望远镜成功发射。

1996年，首只克隆羊"多莉"出生。